《正大综艺·动物来啦》节目组／组编
朱德华　任艳／改编

CCTV
中央广播电视总台央视综合频道
央 视 创 造 传 媒

时代出版传媒股份有限公司
安徽少年儿童出版社

图书在版编目（CIP）数据

正大综艺·动物来啦. 和黄猄蚁的挑战赛 /《正大综艺·动物来啦》节目组组编；朱德华，任艳改编. —合肥：安徽少年儿童出版社，2024.10
ISBN 978-7-5707-1737-8

Ⅰ. ①正… Ⅱ. ①正… ②朱… ③任… Ⅲ. ①动物－儿童读物 Ⅳ. ①Q95-49

中国国家版本馆CIP数据核字（2024）第048459号

ZHENGDAZONGYI DONGWU LAILA HE HUANGJINGYI DE TIAOZHANSAI
正大综艺·动物来啦·和黄猄蚁的挑战赛
《正大综艺·动物来啦》节目组/组编
朱德华　任艳/改编

出 版 人：李玲玲　　策划编辑：唐　悦　　责任编辑：何正国
责任校对：徐庆华　　美术编辑：唐　悦　　内文摄影图：壹图网　视觉中国 等
内文插画：冯　文　　印　　制：朱一之
出版发行：安徽少年儿童出版社　E-mail:ahse1984@163.com
新浪官方微博：http://weibo.com/ahsecbs
（安徽省合肥市翡翠路1118号出版传媒广场　　邮政编码：230071）
出版部电话：（0551）63533536（办公室）　63533533（传真）
（如发现印装质量问题，影响阅读，请与本社出版部联系调换）
印　　制：安徽新华印刷股份有限公司
开　　本：787 mm × 1092 mm　1/16　印张：8.75　字数：108千字
版　　次：2024年10月第1版　2024年10月第1次印刷

ISBN 978-7-5707-1737-8　定价：40.00元

本书编委会

关爱生命，是最正大无私的奉献

爱是 Love，爱是 Amor，爱是 Rarc
爱是爱心，爱是 Love
爱是人类最美丽的语言
爱是正大无私的奉献

这首伴随我们成长的歌曲，令我们回想起 20 世纪 90 年代初开播的中央广播电视总台综艺节目——《正大综艺》！更让我难以想象的是，我竟然为这一节目前前后后工作了近 5 年！如今，呈现在广大读者面前的这套书——《正大综艺 · 动物来啦》，正是过去近 5 年来，该节目制作内容的科普总结。

2017 年仲夏，著名主持人、节目制作人暨《正大综艺》节目负责人王雪纯老师来国家动物博物馆找我。彼时，她正在制作另外一档大型科学实验节目——《加油！向未来（第二季）》（以下简称《加油》）。原本，她主要谈及将一些动物请到《加油》节目里充当“演员”，也给“科学实验”增添动物元素，但是我始终担心，如果把动物引入节目现场，以操作实验的形式展示给观众似乎不妥，毕竟它们是生命，很难像机械那般随意操控。

王雪纯老师甚为谦逊，非常认同我的观点，她特别想做一些关于动物的科普节目，当即表达了希望未来可以合作动物科普节目的愿望。老实讲，我当时就是那么一听，以为她也就是这么一说而已。

殊不知，过了一两个月，王雪纯老师带着团队主创人员再次亲临国家动物博物馆，盛情地邀请我作为她的新节目《正大综艺·动物来啦》的常驻嘉宾，我简直不敢相信自己的耳朵。我竟然有机会成为我小时候观看的电视节目的嘉宾！

就这样，经过一段时间的筹备，2017 年 12 月 14 日，我和北京动物园饲养管理员杨毅兄一同成为《正大综艺·动物来啦》节目的嘉宾，来到北京市丰台体育中心摄影大棚，与主持人高博老师及几组家庭一道，正式开始录制该节目。一直到 2022 年 4 月节目停播，《正大综艺·动物来啦》前后录制了近 200 期。后来，《正大综艺》改版为聚焦全国首批乡村旅游重点镇的推介节目，我仍然有幸继续担任嘉宾；直到今天，我还会偶尔去节目中“嗨”上一把！

毫无疑问，《正大综艺·动物来啦》丛书是该节目的“顺产儿”——电视节目配图书出版，这似乎是中央广播电视总台的传统。我小时候就买过《动物世界》一书，王雪纯老师还出版过《加油！向未来》丛书。书中最精彩的内容，通常便是节目中最精彩的内容。这得益于王雪纯老师坚强而直接的领导，以及制片人、总导演、导演、主持人、竞猜选手的共同努力！

既然是科学节目，既然是科普读物，那么，它的科学性必将是第一位的！在科学性、趣味性甚至收视率面前，王雪纯老师依然是一位坚定的科学主义者；她从来没有为了收视率而妥协、折中，放弃与科学相关的元素及一切有科学价值的东西。这一点，我着实钦佩她！

首先，我和杨毅兄都认为拍摄中国本土动物是首要任务，宣传介绍中国土生土长的野生动物是节目的首选！这一点，王雪纯老师对所有导演都反复强调，竭力提升每一位导演的思想意识。

其次，关于动物名称的规范——中文名和拉丁文学名之使用，很多科普节目、科普读物都不太在意这个动物叫什么，也不爱使用学名：细尾獴被称作狐獴，狨和猬（xū）被笼统地叫作狨或柽（chēng）柳猴、绢毛猴，鵎鵼（tuǒ kōng）习惯性地被称为巨嘴鸟……但正是我和杨毅兄的坚持，才使整个节目组都非常认真地与我们确定了动物的名称、叫法。尽管有的时候我们也认为没必要那么苛刻，但既然决定按照传统的、规范的、专业的来，那么无论是科学顾问，还是制片人、导演，都会把科学性、专业性放在第一位！王雪纯老师再一次强有力地支持了我们，她常对导演们说："这些问题要听专家的！"这充分体现了王雪纯老师对我们的尊重，也令我们对她倍加敬重！

再次，王雪纯老师对我们反复强调，《正大综艺·动物来啦》就是希望改变观众或读者一贯的错误思维、荒谬认知，她甚至说："不要总是你以为的就是你以为的。"事实上，我们每个人都不能想当然，做节目、做书都是这样，要摆事实、讲道理，更要拿出科学数据或科学证据来证实或证伪。总之，做科学节目或做科普读物，都要有科学精神——实事求是，决不人云亦云。所以，《正大综艺·动物来啦》甚至成为"辟谣"节目，匡正错谬，以正视听！不过，《正大综艺·动物来啦》毕竟是一档综艺节目，所以，趣味性非常重要且不可或缺！不仅是导演们选择的动物要有趣，而且要深度挖掘动物及其与饲养员之间的故事。有说相声功底的杨毅兄更是以他独特、幽默的表达方式解析了各种动物的有趣行为。我们非常尊敬的主持人高博老师，在台上逻辑清晰、反应敏捷、知识面广且极为风趣幽默，为节目平添了十足的活跃感。这些有趣、好玩、寓教于乐的知识点，也同样呈现在了这套书中！

最后，我想说的是，这档节目及这套书的价值取向和情感输出。每一个生命都值得尊重，每一种动物都是平等的，每一个物种都在生态系统中发挥着不可替代的作用！我们展现在大家面前的动物，是有情感的、是美的，是值得我们每个人去欣赏、去热爱、去关心甚至要以行动去保护的。

我们非常注重“升华”，但绝不是做作的、刻意为之的。在动物园生活的动物，它们有故事，有与饲养员的感情交流。我记得在录制北京动物园的中美貘、南美貘那一期时，在场的人几乎都被饲养员精心照顾它们的故事感动得潸然泪下。在自然保护区或国家公园生活的野生动物，它们顽强生存的精神，也值得我们去体会、感悟。

我记得我在节目后期说的最多的话就是，我们国家的生态文明建设关乎每一位老百姓的生存与生活；我们现在正在从事以国家公园为主体的自然保护地体系建设，就是要保护、修复野生动物赖以生存的栖息地，让生物多样性得以延续；这归根结底是为了人与自然和谐相处，建设美丽中国，造福人类！

时间过得真快，三四年前，节目录制面临着各种困难和挑战；但不论是节目组，还是直接领导节目的“央视创造传媒”乃至正大集团江吉雄先生等诸位领导，都全力以赴、攻坚克难，将节目尽可能制作得令大家满意。

今天，当我看到《正大综艺·动物来啦》这套书的时候，每一期生动有趣的节目又展现在我的面前。我和杨毅兄都难以忘怀，我们和导演们对题、对台本的日日夜夜——4 年多来，我俩每周都会有一个晚上要去“央视创造传媒”“上班”。

这套书的出版得益于节目的总策划，以及制作节目的制片人和导演、出版社编校人员的辛勤付出。遗憾的是，我并没有具体撰写本书的文字，但书里的每一个字对我而言又是那么亲切。希望大朋友、小朋友们能像喜爱节目那样，喜欢并支持这套书。

读万卷书，行万里路。从书中汲取养分，再回归荒野，回到大自然中探寻生命之伟大与神奇。最终，以我们的行动去保护、关爱、关注这些生灵——因为爱，是正大无私的奉献！

是为序。

张劲硕

博士、研究馆员、研究员

国家动物博物馆馆长

2024 年 9 月 13 日

目录

主持人：大家应该都听说过食人鱼吧？今天，我们请来食人鱼“本鱼”，听听它是怎样介绍自己的。

食人鱼的自白

同学们好！我是你们的外教老师——“食人鱼”，老师的学名叫红腹锯脂鲤，生活在南美洲亚马孙河中。看，我的相貌是不是和你们想象的不太一样？下面老师敲黑板、划重点，要认真听我讲课哟！

我们可是传说中世界上最凶猛的鱼，被称为“水中狼族”。有多凶猛呢？我们拥有锋利的牙齿，刀状的牙一口就能轻松咬断肉块。有人说我们对血腥味非常敏感，嗅到血的味道就会兴奋起来。对此你怎么看？

因为我们不是单独出来捕猎，而是成群结队，所以在数分钟内，猎物就会被我们咬得只剩骨头。有时我们饿极了，甚至残渣都不剩。所以同学们啊，千万别在你身上有伤的时候下水，我们会发现你的。

我们还有一种神奇本领——能够感受水波的振动，一旦感受到，我们就知道有什么东西掉进水里了，集体出动正

当时。因此在水里看见我们时，你可不要慌得乱扑腾，当我们感受到异样的振动时，你可能就危险了。

好了，家底子我都告诉你了。再次强调，安全第一。这节课就上到这里。同学们，下课!

请判断

大部分食人鱼的主要食物是肉。

A. 真的　B. 假的

嘉宾观点

小泽： 我认为是假的。我记得有些食人鱼主要吃树上掉落的坚果。

小宇： 我认为是真的。正是因为它们非常喜欢吃肉，所以才叫它们“食人鱼”呀!

小丽： 我认为是真的 。食人鱼应该分为杂食类和肉食类，但是大部分都吃肉，要不然就不叫“食人鱼”而叫“果子鱼”了。这个问题的关键词是“大部分”。

张博士的科学小课堂

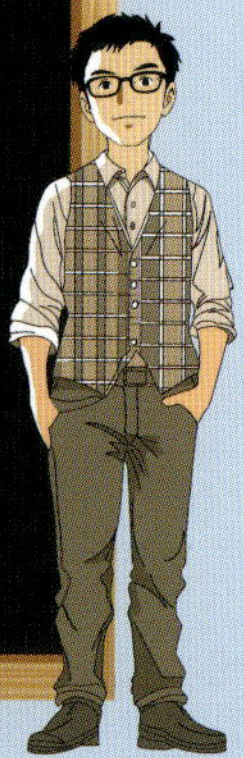

亚马孙河里有大约 20 种食人鱼，大多数都是“爱好和平”的素食者。有些食人鱼甚至能用强有力的牙齿咬开从树上掉落的坚果、水果等。

食人鱼胆子很小，容易被吓跑，正常情况下，它不会主动攻击游泳的动物。食人鱼还吃动物尸体，像一位“清道夫”，可以把河道中的动物尸体清理得干干净净。

正确答案是 B。你答对了吗?

主持人： 一头白犀宝宝刚刚降生在济南野生动物世界。它可是近年来江北地区动物园里繁育出的第一头白犀，非常难得。咱们去看一看它吧！

给白犀宝宝办百日宴

在济南野生动物世界里，保育员沈殿永给刚出生的小白犀取了个好听的名字——奔奔。奔奔虽然是个女生，但它特别顽皮，对任何事物都充满好奇。

奔奔是长江以北地区近年来诞生的第一头白犀宝宝。白犀妈妈的怀孕周期是 16 个月，奔奔出生后，只花了 3 个多小时就站立起来，又过了 1 个小时，它便学会吃母乳了。刚出生的白犀宝宝皮肤皱皱的，走路有点踉踉跄跄；现在的它活泼好动，跟妈妈一样喜欢让保育员按摩。奔奔的妈妈第一次做母亲，保育员为了缓解它的焦虑情绪，会经常给它挠挠背。这样做能让白犀妈妈的情绪稳定，更好地养育宝宝。

在奔奔出生 100 天时，饲养员为奔奔办了一场庆生百日宴。

西红柿、萝卜、苹果，还有玉米面这些白犀爱吃的食材，在这一天绝对管够。至于食材的寓意嘛，西红柿代表事事如意，用萝卜雕出鲜花是希望奔奔像花儿一样美美的，苹果的寓意是平安顺利、健康成长。玉米面呢，用来捏出一个公犀牛。这样，奔奔就有小伙伴一起玩了。

奔奔最喜欢的礼物是哪个呢？它盯着萝卜花，好像在说：“本姑娘现在就特别好看，不需要哟！”它又闻闻苹果：“妈妈，这是什么呀？”“哎呀，苹果！妈妈也喜欢吃……”妈妈啊呜一口就把苹果吃掉了，奔奔这下傻眼了：“这不是给我准备的吗？怎么让妈妈吃掉了……”

出生100天的奔奔天真可爱。如果你也有出生100天的照片，找出来看看吧，照片里的你一定也是天真可爱的。

请答题

小白犀百天后的饮食结构会有什么变化？

A. 吃草不喝奶　B. 吃草又喝奶

嘉宾观点

安安：我选B。我觉得饮食结构的变化应该是一个循序渐进的过程，不会具体到100天后应当如何。小白犀喝不喝奶主要看白犀妈妈还产不产奶。只要妈妈有奶水，草和奶小白犀应该都会接受。

张博士的科学小课堂

白犀妈妈需要哺育小白犀大约 1 年。从第 3 个月开始，小白犀就会啃咬草皮了，所以在 100 天之后，小白犀既会喝奶，又会吃一些草料。

2010 年，科学家通过 DNA 分子生物学研究发现，白犀可能有两个不同的物种：一种生活在非洲北部，叫北白犀；还有一种生活在非洲南部，叫南白犀。这些白犀到了动物园后，很难繁殖。这次整个长江以北地区第一次繁殖出白犀，确实非常不容易。

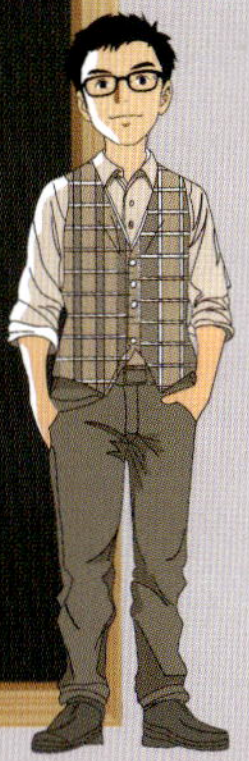

正确答案是B。你答对了吗？

长知识啦

世界上一共有6种犀牛，分别是南白犀、北白犀、黑犀、苏门答腊犀、爪哇犀和印度犀。

白犀生活在非洲东部和南部的热带草原、稀树草原和灌丛一带，主要以草为食。喜欢泡在泥浆里，以便降低身体温度。

白犀是体形仅次于大象的陆生哺乳动物。它虽然身体笨重，但奔跑速度快，时速为40~50千米。

成年公白犀是独居的，而成年母白犀会和其他亚成体白犀组成多达十几头的群体。

白犀有3个脚趾，中间的脚趾负责承重，两侧的脚趾用来保持平衡和抓地。

“高冷”的雪豹

三江源地区位于我国青海省南部，海拔3500~4800米，是“世界屋脊”青藏高原的腹地。动物观察员张强要在三江源地区寻找猫科动物中的大明星——雪豹。在 –20℃酷寒、恶劣的环境下，张强经过巡山，最终确定了一个山头，在这里蹲点。5 天后，他终于发现一只雪豹出现在距离他大概 200 米的位置。雪豹正警惕地观察四周的动静，然后朝山梁上走去。它的外形与周围的环境融为一体，不熟悉它的人很难发现它的身影。

请答题

雪豹一定不会在以下哪个地方出现？

A. 高原沼泽湿地　B. 高原灌木丛　C. 高原林地

雪豹是亚洲高山高原地区最具代表性的物种，也是大型猫科食肉动物的旗舰物种。

嘉宾观点

安安：我选 A。雪豹主要的活动区域应该在雪线以上，当然它也会往雪线下挪动，向下碰到的首先是高山草甸，再往下是高原灌木丛，然后是高原林地，它不会出现的地方应该是海拔最低的高原沼泽湿地。

小张：我选 C。因为我觉得雪豹应该生活在灌木丛、沼泽湿地这样视野比较开阔的地方，高原林地树木比较多，会影响它的活动范围。

张博士的科学小课堂

高原沼泽湿地的海拔位置在这些选项中确实最低，这个地方没有岩羊——雪豹的猎物。因此雪豹很少会出现在这里。

正确答案是 A。你答对了吗？

“三有”动物，了解一下

长白山的一年四季有着不同的山色、不同的景致。这里的物种资源丰富，被誉为“物种的基因库”“天然的博物馆”。老万直到 58 岁才有机会真正接触摄影，并长期在长白山拍摄。有一只赤狐，前几天到边防检查站偷了 7 只小鸡，老万一看是野生狐狸，就把它放掉了。赤狐俗称“火狐狸”，是国家“三有”保护动物。所谓“三有”，是指有重要生态、科学、社会价值的陆生野生动物。这只赤狐和老万现在已经是老朋友了，老万出门拍摄时常常能遇到它，它紧跟在老万后面，一点都不害怕。

请答题

赤狐的尾巴有什么作用?

A. 保暖　B. 迷惑敌人　C. 清理脏物

嘉宾观点

小丽： 我选A。因为节目中的赤狐生活在比较寒冷的地方——长白山。它的尾巴很厚实，迷惑敌人应该是次要的，还是保暖最重要。

张博士的科学小课堂

在寒冷的冬季，赤狐会躲在避风的天然洞穴或者自己挖的洞里，它的大尾巴能盖住自己的身体，起到棉被一样的保暖作用。

正确答案是A。你答对了吗？

长知识啦

赤狐是北半球分布十分广泛的狐属食肉目动物。它不会冬眠，会利用敏锐的嗅觉和听觉观察雪地里的情况，一旦有发现就一跃而起，一头扎进雪堆里，去捕捉鼠类、鸟类等。

赤狐的奔跑速度很快，可达50千米/小时；会爬树、会游泳，智商较高。

中国有三种狐狸——赤狐、藏狐和沙狐，都被列为国家二级重点保护野生动物。

主持人：人是有感情的动物。血浓于水的是亲情，相知相守的是爱情，志同道合的是友情。但还有一种感情——并肩作战，甚至共赴生死的战友情。警犬是警察的战友。本期节目我们一起来学习有关警犬的知识。

争当“标兵搜爆犬”

在河北衡水的警犬训练基地，有这样一对警犬兄弟：一只是一岁的安迪，另一只是两岁的团子，它们都是拉布拉多犬。

两只警犬都是由训练员高锦昂训练的。它们从小就和训练员一起生活，一起玩耍，感情特别好。拉布拉多犬天生嗅觉灵敏，所以训练员通常会把它们往搜爆犬的方向培养。

一岁的拉布拉多犬——安迪

在室内环境下，搜爆犬要分别从平视、俯视和仰视三个角度，收集气味。经过训练，现在团子已经具备闻出气味并做出示警动作的能力。团子哥哥以身作则，给弟弟安迪示范：首先，发现爆炸物的气味后，要马上坐下，把信息传递给训导员；其次，示警的时候，不能叫喊，要用眼神。

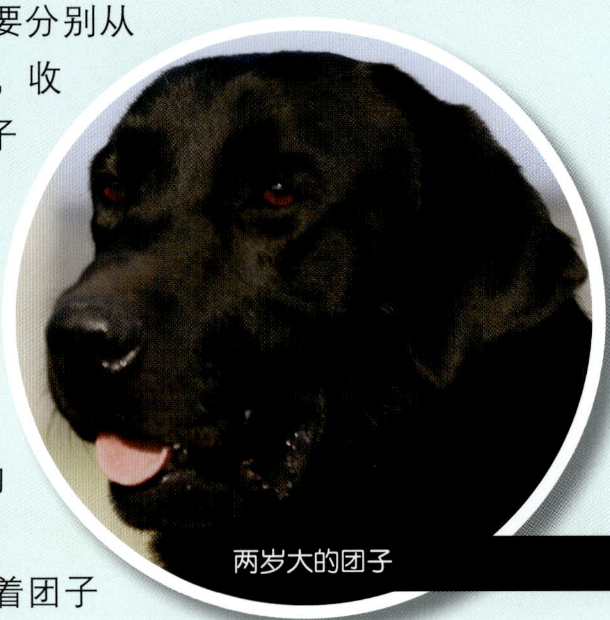

两岁大的团子

这天，训练员高锦昂带着团子和安迪来到公交公司，观看警犬毛毛的科目演习。毛毛可是传说中的“标兵搜爆犬”，已经参加过 20 多次公安机关的安保任务。时间就是生命，只见毛毛上车、下车、围着车辆转圈，很快就确定了公交车上放置爆炸物的位置，坐在地上用眼神示警。

团子和安迪还是新兵，只要经过良好的训练，有朝一日，

团子和安迪从小就在一起训练，它们的感情相当好。

它俩也能成为像毛毛那样合格的搜爆犬，为保卫人民的生命财产安全做出自己的贡献。

请答题

以下哪一项不是受训警犬的主要选拔标准？

A. 智商高　B. 动力足　C. 胆大心细

嘉宾观点

小浩：我选 B。训练警犬要挑智商比较高的，不能挑比较笨的。

小玉：我选 C。警犬应该对食品或者物件有极强的搜寻欲望和动力。胆大心细是大部分狗都具备的特点，不能以此作为挑选警犬的主要条件。

小泽：我选 C。在训练警犬时，除了惩罚，还有奖励。如果警犬动力比较足，给它奖励后它能接受任务，也就会更好地完成任务。

张博士的科学小课堂

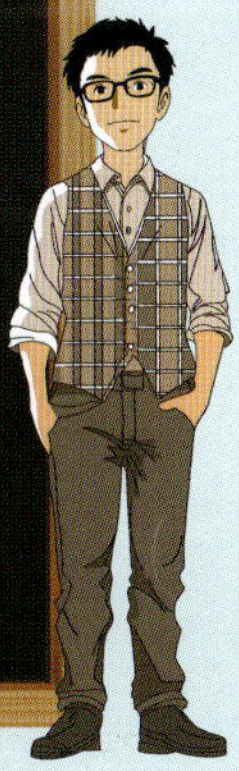

狗必须听话，如果智商太高，它可能就不那么听话了。主人让它做什么，它就得先琢磨琢磨：这事对我有没有好处。太聪明反而对工作不利。所以说，智商反而是次要的。

动力足体现了狗的搜寻欲望，我们要在训练过程中施加一些正向的引导和一定的条件反射，并且和食物紧密地联系上，在受训犬成功完成搜爆任务后，就可以得到食物或者一些物品奖励。这样它才能更有欲望去搜爆。

至于胆大心细这个选项，做任何事情，人也好，警犬也罢，都应当具备这种能力。

正确答案是 A。你答对了吗？

主持人：水里有什么？有鱼、虾、螃蟹……但有一种动物，是你肉眼不太容易看得到的，那就是浮游生物。下面我们将潜入海洋，去了解一下浮游生物。

探究浮游生物的世界

浮游生物并不是动物分类学上的物种门类。只要在水面上（无论是淡水还是咸水）、以漂浮性为特征、比较微小的生物，我们都可以叫其浮游生物。

人们习惯这样描述浮游生物：它们是海洋中数量庞大的群体，多到你在游泳时会和它们擦肩而过；它们种类繁多，科学家到现在还在不断发现新的种类；它们体形微小，小到肉眼很难看清它们的长相；它们是水生生物中不可缺少的一员，维系着生态系统的平衡和发展。

都说“大鱼吃小鱼，小鱼吃虾米”。可能很多人都不知道，其实虾米就是一种浮游生物。比如南极磷虾，它是蓝鲸的主要食物。蓝鲸非常聪明，会寻找磷虾密集的海域吃上一顿大餐。吃浮游生物的鱼类还有鲸鲨、蝠鲼（fèn），以及喜欢张大嘴巴等着浮游生物自投罗网的姥鲨。

除了虾米，一些螺的幼体也是浮游动物的成员。

厦门大学海洋与地球学院海洋生物科学与技术系高级工程师杨卫迪从 2005 年开始从事海洋浮游动物的分类和鉴定工作。南方科技大学高级研究学者程婉婷从 2012 年起开始从事研究浮游动物行为的工作。两位学者发现，浮游动物的种类很多，体形很小，颜色五花八门。以水蚤（zǎo）为例，大部分水蚤仅有一毫米长，大约是蚂蚁体长的十分之一。伪镖水蚤和纺锤水蚤长相相似，区

显微镜下形态各异的水蚤

别就是伪镖水蚤体形更大一些。

纺锤水蚤在水中以跳跃和沉降为“行动方式”，我们将镜头放慢到肉眼观察速度的 1/150 来看，纺锤水蚤的跳跃分为这样几步：首先，它将头顶两边的触角收拢到身体两侧，这样就能减少在水中遇到的阻力；其次，它在跳跃的时候摆动胸足，实现移动；最后，重新打开触角，支棱的触角可以让身体保持平稳。这套动作就像体操运动员在平衡木上的表演一样自如。

伪镖水蚤和纺锤水蚤不一样，它大部分时间都在水中悬停，靠长时间、长距离的游泳来运动，我们叫“巡游”。一个是长时间的巡游,一个是长时间的跳跃和沉降,二者的运动方式差别很大。

纺锤水蚤捕食时，先迅速朝着猎物跳过去，然后用它前面的“手”把猎物放到口器里，整个过程非常快，不到一秒钟就能全部完成。

伪镖水蚤捕食时，先不停地摆动自己的颚足，“制造”出两股向它身体方向流动的水流，附近的食物就会随着它制造出的水流进入它的口器。

如果把海洋生态系统比作一座金字塔，那么浮游动植物就在金字塔的底层（次底层），影响着上层生态系统。近年来，科学家更加关注浮游动植物的研究，进一步了解它们是如何让种群繁盛、壮大的。

请答题

下面哪种动物属于浮游动物？

A. 海葵　B. 鹦鹉螺　C. 水母幼体

嘉宾观点

小张：我选 C。海葵主要固着在海床上生活，它是固着生活的状态，所以不会浮游。

小浩：我选 C。鹦鹉螺也是用自己的身体推力向前游动的，不算浮游生物。

小宇：我选 C。海蜇还有磷虾其实都是大型浮游动物，它们的幼体肯定也是。

小丽：我选 A。刚才听完三位男生的解释，我就想改答案了。现在我只能说，海葵实在太漂亮了。

张博士的科学小课堂

我们所说的浮游生物并不是一个分类上的概念，而是指微小的、能够漂浮在水面的生物，都可以叫浮游生物。另外，很多动物小时候可以漂浮在水面或水的上层，所以也叫浮游动物，那是它们生长的一个阶段。

水母长大了才叫“水母型”，小时候的幼体叫“水螅型”。螃蟹、虾在特别小的时候，也可以叫浮游生物。过去的赤潮现象就是富营养化的藻类大规模暴发，浮游动物可以吃掉藻类，甚至一些有毒物质，所以浮游生物存在的意义重大。

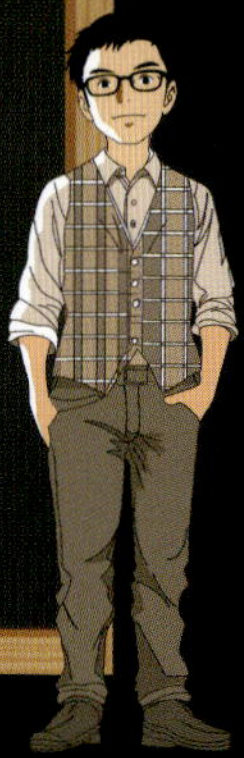

正确答案是 C。你答对了吗？

主持人：浮游动物是指由于没有足够的游泳能力抵抗水流而漂浮在水中的动物。海葵通常锚靠在海底固定的物体（如岩石、珊瑚或者寄居蟹的外壳）上，随寄居蟹一起移动。成体的鹦鹉螺可以自主移动。所以本题答案是水母幼体。你明白了吧！

主持人：在弱肉强食的环境下，动物为了生存进化出各种技能：要么变得很强大，要么跑得快，要么善于伪装自己——最典型的就是变色龙。今天我们不说变色龙，来吧，一起看一看乌贼的变身大法。

乌贼的变态伪装术

想要在自然界生存下去，不会些绝招是很难的，比如伪装就是一些动物安身立命的法宝之一。有一位伪装高手很少被人们提及，它就是乌贼。大多数人对乌贼的印象，可能是遇到天敌立刻喷墨并逃之夭夭。其实它还有着变换身体颜色的本事，可谓海洋深处的“伪装大师”。

为了更好地认识这位伪装大师，科学家把一只乌贼放在玻璃缸里，准备考验它的伪装能力。

先来做一个简单的试验。在玻璃缸底部铺满浅色的石砾。只见乌贼身体的颜色在慢慢变浅，渐渐与石砾的颜色浑然一体。初步伪装完成！

接下来是升级版试验。看看乌贼能不能在深色石砾中完成变化。把浅色石砾撤掉后，人们往玻璃缸内放入黑色小石头。随着时间流逝，人们能看到乌贼的身体颜色明显变得与周围

的深色石砾的颜色接近，它身上闪烁的斑点也呼应了黑色小石头的亮点色彩，刚才还活蹦乱跳的乌贼这会儿静静地趴在石壁上。伪装大师的本领就是不一般啊！

综合刚才两个试验，我们初步见识了乌贼的伪装能力，接下来，科学家决定放出大招：用黑白相间的小格子装饰玻璃缸！乌贼似乎感知到了这个陌生的环境，身体也在逐渐变化。最终，虽然乌贼的身上并没有真的出现黑白格，但还是有深浅相间的颜色变化！

乌贼能根据环境的变化迅速改变身体的颜色，以便适应环境，从而达到保护自己的目的。小试验进一步证明了乌贼“伪装大师”的称号当之无愧。

长知识啦

乌贼有用于游泳的 8 条短腕和比较长的 2 条触腕，10 条腕上都布满了吸盘，方便捕捉猎物。

从发现、定位到捕捉到猎物，乌贼的捕食过程仅持续 2~6 秒，可谓行云流水、一气呵成。

乌贼通过外套膜的收缩，慢速喷水前进。在遇到危险时，外套膜内的海水会通过漏斗快速喷出，实现加速移动。同时，体内的墨囊会喷出大量墨汁以干扰敌人的视线。

乌贼的墨汁中含有生物碱，具有麻痹天敌（猎物）化学感受器的作用。

请答题

乌贼能迅速变色的主要原因是什么?

A. 细胞形态变化　B. 光线反射

C. 墨囊收缩扩张

嘉宾观点

小浩：我选 A。我觉得最不可能的就是光线反射了。水母其实本身没什么颜色，我们在海洋馆里看到的五颜六色的水母都是用灯光照出的。在节目里，乌贼旁边的灯光并没有发生变化，它把自己体内的细胞变成类似的颜色，完成了变身。

小张：我选 A。乌贼的体表下有很多色素细胞，通过不同色素细胞的收缩或扩张，就能让不同的色素变深或变浅，这样它们就能展现出不同的颜色。

张博士的科学小课堂

乌贼之所以会变色，是因为其皮下的色素细胞发生了形态变化。乌贼的体内聚集着数百万个色素细胞，当这些色素细胞收缩或扩张时，整体看上去就好像乌贼变色了。

乌贼的眼睛很大，视力非常好。隐身前，它要先看看周围的环境，例如看珊瑚礁区域，乌贼的视野中会先形成一个视觉图像，再通过神经中枢系统传递给色素细胞。它的色素细胞在表皮层排列，细胞并非由几百种颜色构成，而是利用了三原色原理——只有红、黄、蓝、黑等几种颜色的色素细胞，伸缩的时候，密度会变得不一样——拉伸后颜色会变淡，收缩时颜色就变深。这就是乌贼身体变色的原理。

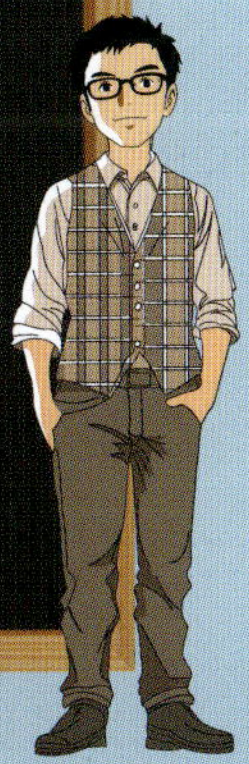

正确答案是 A。你答对了吗？

主持人：有时候，朋友圈能反映出我们的生活风貌。在内蒙古，人们的朋友圈里常出现牛羊成群的画面；在四川地区，人们的朋友圈里会经常出现大熊猫；如果你生活在四川雅安，朋友圈里肯定经常会有鸟儿出现。因为，雅安有一条候鸟迁徙的黄金通道，咱们一起来了解这里发生的故事吧。

候鸟黄金通道上的感人故事

2020 年 12 月，四川雅安荥经县河边，有人发现了一只受伤的国家一级保护动物——黑颈鹤。接到通知，鸟类保护志愿者们立即从雅安市出发，赶往荥经县救助。

经过雅安鸟类保护志愿者吕培学确认，这只黑颈鹤是一只亚成体，飞行过程中因为体力不支掉落下来，腿部受伤，精神状态很差，基本没有反抗的力量。志愿者们及时对其进行救助，投食了泥鳅、小鱼虾，然后将它送到了观测点。

中华秋沙鸭在地球上已生存了 1000 多万年，现存数量极其稀少。（供图：鹰潭市龙虎山景区护林员肖冬样）

与候鸟的意外相遇，对于雅安居民来说并不稀奇。雅安地处全球八大候鸟迁徙路线中两条迁徙通道的拟似重叠处。这两条迁徙路线分别是东亚至澳大拉西亚[①]迁徙线和中亚南北迁徙线。这两条路线都是鸟类自然选择的结果。数千年来，无数候鸟在此经过、停留、补充食物，再展翅高飞前往要迁徙去的地

①澳大拉西亚：大洋洲的一个地区，澳大利亚、新西兰和邻近的太平洋岛屿。

点，周而复始。雅安已然成了候鸟最重要的补给中转站。

2020 年 3 月，已记录到的飞经雅安市的鸟类有 506 种，包括黑颈鹤、白鹳、四川山鹧鸪、中华秋沙鸭、朱鹮等国家一级重点保护鸟类 10 种；鸳鸯、鹈鹕、红腹角雉、红头咬鹃、白马鸡等国家二级重点保护鸟类 53 种。雅安鸟类的种群数量占四川鸟类种群数量的 2/3 以上，超过全国鸟类种群数量的 1/3！

候鸟的迁徙之路不仅遥远，还充满危机。人类捕杀、环境的破坏、迁徙途中的意外状况都会对候鸟造成伤害。幸运的是，雅安的市民们都有着爱鸟、护鸟的情结。更有一群志愿者，已经连续 10 年“架起安全通道”，为候鸟的迁徙保驾护航。

每年 9 月到次年 5 月是候鸟迁徙的高峰期，也是志愿者们最忙碌的时候。监测、巡逻、防止盗猎、对市民进行生态科普宣讲，给迁徙时掉队、不具备捕食能力的幼鸟准备鱼虾等食物……在市民们的共同努力下，很多迁徙的候鸟选择留在这座城市，成为留鸟。人们为留鸟制作了上百个树屋，每个树屋上都标有门牌号，让它们能在这里安家落户。

10 年来，雅安人和志愿者救助的候鸟数量众多、种类繁多。受伤的候鸟被送往野生动物园观察，直到身体康复。

在草甸附近觅食的黑颈鹤

在雅安，鸟儿已成为城市不可或缺的一部分。一年一度的候鸟迁徙，正是雅安人与老朋友相见的快乐时刻。

请答题

黑颈鹤每年冬季迁徙的越冬地点是哪里？

A. 青藏高原　B. 云贵高原　C. 内蒙古高原

嘉宾观点

安安：选 A。我听说黑颈鹤是唯一生活在高原的鹤类。在冬季它们会回到青藏高原。

小浩：我选 A。黑颈鹤还有一个名字叫藏鹤，因为它们住在青藏高原。

小宇：我选 B。鸟类一般是夏天在栖息地繁殖生存，到了冬天会往南飞。因为云贵高原是在南边，所以它们会去云贵高原越冬。

张博士的科学小课堂

黑颈鹤是世界上唯一生长、繁殖在高原的鹤类，主要栖息于海拔 2500~5000 米的高原草甸和芦苇沼泽地带。每年冬季，黑颈鹤就会从青藏高原迁徙，飞往它们的越冬地点云贵高原。次年春暖花开时，黑颈鹤又开始往回飞，回到故乡青藏高原繁衍后代。很多人误认为动物——特别是鸟类的迁徙是因为怕冷。事实上，黑颈鹤不怕冷，很多鸟也不怕冷。它们之所以迁徙，主要是因为缺少鱼、昆虫等食物。鸟类迁徙范围也不光是在中国国内，有时候它们会从俄罗斯到中国，再到东南亚，经过很多国家，就像是鸟类的“一带一路”。所以，很多物种的保护不是某一个国家的责任，需要很多国家共同努力，才能保证全球生态系统的平衡与健康。

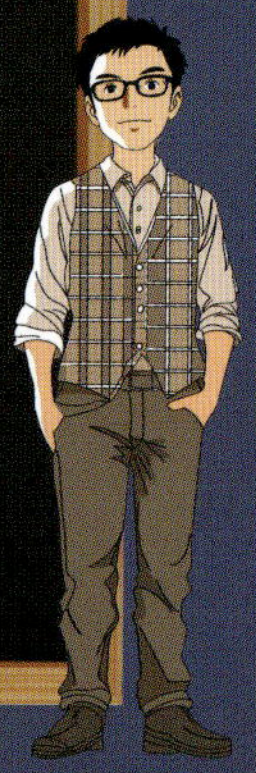

正确答案是 B。你答对了吗？

主持人：动物饲养员管理动物最趁手的工具一般都是自己创造发明的。那么，有专门为动物而发明的人吗？有！这就带你们认识一位……

只为动物发明的“动物园爱迪生”

彩云之南，春城昆明。

动物园举办了一场别开生面的“神枪手”大赛，参赛者是昆明动物园的兽医们，他们的“神枪”是吹管。对老虎、狮子、熊等人类不易接近的猛兽进行疫苗接种、打针输药、麻醉治疗时，吹管可是必备的神器。通过用力吹气，将管子里的注射器发射到动物身上完成注射，既能避免让动物受到惊吓，也能防止兽医受伤。提高吹管的精准度是每一位兽医不懈的追求。

九环！兽医院的小宋大夫“吹”出了完美的成绩。接下来，让我们期待兽医院杨院长的表现。咦？结果好像出乎意料，杨院长脱靶了？赛场里爆发出一片善意的笑声。虽然他在比赛中失利了，但每一位在场的兽医都很尊敬他。

饲养员正在练习吹针打靶。

其实，杨院长的“绝活”体现在其他方面。射击的精准度除了天赋和刻意练习，还离不开对合理的器具的使用，研发这些器具就是杨院长的“绝活”。在20年的工作中，他不断研究、改进吹管注射器，让“神枪手”小宋他们得心应手的吹管，便出自杨院长之手。

以前，为动物注射的吹管存在易爆裂、飞行不稳等问题。为此，杨院长创造性地将两个针管相连，改造出了容量大、飞行稳的吹管注射器，让动物免受一次打几针的痛苦和因针管中途爆裂造成的惊吓。除此之外，针头的阻塞装置也是不容忽视的，当针头扎进动物体内，阻塞装置会自动后移，药水就能注射进动物体内。

早前，兽医们用青霉素瓶上的胶塞来进行封堵，但因为胶塞太重、太紧，有时候打在动物身上会反弹，针也就扎不进去。如何解决这个难题呢？

伟大的发明、发现也许来自一个苹果，也许来自一次泡澡，也许来自女同事对美丽的追求……杨院长无意中发现女士佩戴的耳钉上橡胶材质的耳堵很适合做吹管的针头，质量轻、很光滑、不容易反弹，他尝试后发现比青霉素瓶胶塞好用多了。

除了吹管注射器，杨院长还常常研究制造各种提升动物福利的小设备，可谓动物园里的“爱迪生”。

从工作实践中发现问题并解决问题是兽医的职责。要知道，很多现象看似微小，但产生的后果却可能很严重，比如说喝水。放置久了的水会落入毛发，滋生细菌，动物喝下去有可能导致消化道功能性紊乱和感染，引起急性肠胃炎等疾病，因此勤换水就尤为重要。

大象的饮水量大，但靠近大象的危险性也很大，频繁出入象舍换水对饲养员而言存在一定的安全隐患。这不，有一次，由于没有及时换水，大象喝下不卫生的水，搞坏了肠胃。它只能靠着栏杆，用脚去蹭自己的肚子。杨院长看到后，一直挂念着大象喝水的问题，怎样让水池里的水常换常新呢？

这一次，伟大的发明来自卫生间！对，你没听错，发明灵感

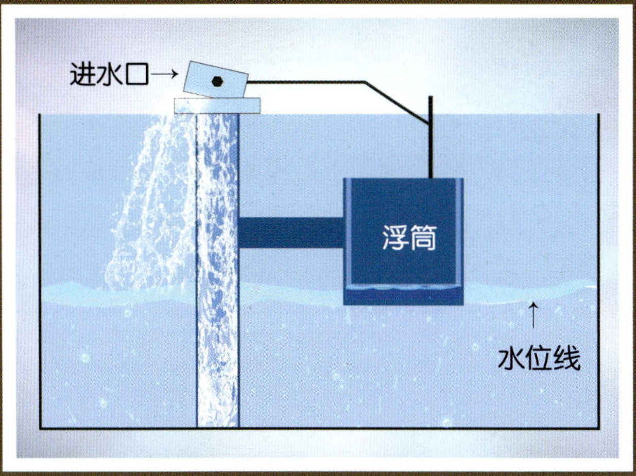

来自抽水马桶——利用马桶和连通器的工作原理，杨院长开始了新一轮的发明创造。他制作了一个可以自动补水的模拟装置。装置包括水箱、浮筒、杠杆等构件，水位下降时，水箱里的浮筒随之下落，就能驱动杠杆的另一端打开进水口，从而完成补水。经过模拟试验和施工，人们将杨院长设计的装置安装进象舍，新自动饮水池终于竣工了！从此，大象可以随时喝到新鲜的水，饲养员清理水池也变得更加安全、快捷。

你喜欢称他是有着无限巧思的“动物园爱迪生”，还是专业知识过硬的兽医院院长呢？无论你怎样称呼他，杨院长都一直在工作中默默付出、无私奉献，让园里的动物们在春城收获春天、尽享春天。

请答题

亚洲象用长鼻子喝水时为什么不会被呛到?

A. 鼻腔内有保护气管的黏膜

B. 鼻腔内有软骨，可以阻隔水流不进入气管

C. 每次只喝少量水，便于控制

嘉宾观点

小宇：我选 A。大象用鼻子喝水的时候，鼻子里有和人类的会厌一样的黏膜组织，可以阻挡水进入气管。

小张：我选 B。我觉得黏膜不能起到完全阻隔的作用。

小玉：我选 B。小宇非常专业，说到了会厌，但是会厌是什么？会厌不是黏膜，是软骨呀！

张博士的科学小课堂

亚洲象喝水时，是用鼻子抽水送到嘴里喝，而不是直接用鼻子喝的。成年大象的长鼻子里可以装 7~8 升水。它们之所以不会被呛到，是因为鼻腔里有一块软骨，就像闸门一样可以阻止水进入气管。

大象的这种鼻腔结构利于吸水，其实人也一样。我们的消化道和呼吸道（也就是食管和气管在咽喉部位）是相通的，但食管和气管不能总通着，那样会出问题，比如吃饭时说话被呛到，就是因为相通。大象的也是相通的，而且使用次数比人要多，大象的会厌软骨要比人类的发达得多，可以有效阻挡水进到肺里，呛到自己。

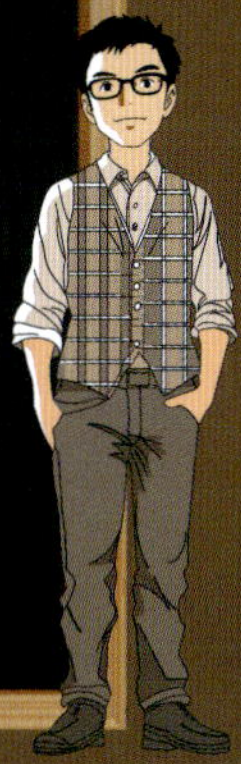

正确答案是 B。你答对了吗？

长知识啦

亚洲象群过着母系氏族的生活。觅食时，象群会分散开并形成独立的小家庭，包括妈妈、女儿以及小公象。吃饱喝足后，年长的母象会发出特定的声音，召集大家再次聚集，前往下一个目的地。

一些身强力壮的亚洲象公象会选择独自生活，也有一些势单力薄的公象会组建“单身汉”群体。公象之间通过打架来争夺配偶。

亚洲象公象的门牙比较发达，母象的门牙则不发达，看上去就像没有长牙。

截至 2022 年，中国境内野生亚洲象的数量约为 360 头，主要分布在云南省西双版纳、普洱和临沧三个州市。

主持人：我们经常会从动物身上学习技能，但有些动物的技能却是人类望尘莫及的。比如，电鳗发电、变色龙变色等。下面要提到的也是一位动物界的大师：山大齿猛蚁。它到底厉害在哪里，值得特意提起呢？一起来瞧瞧……

不用腿脚发力的绝世轻功

山大齿猛蚁

远看密密麻麻，近看黑不溜秋，有人说是芝麻，有人说是黑豆，两人打赌凑近瞅，是山大齿猛蚁在出游。坊间传言，这种蚂蚁主要生活在山地，故得其名。

它们行走江湖靠的可不是花拳绣腿，而是独门的兵器。“山大侠”的上颚和锯齿一张一合，就是它的功夫利器。有道是“侠之大者，为国为民”，若不是蚁族的家国需要，“山大侠”一般不会轻易出手，遇到些风吹草动、吉凶难料的场合，那就是亮真功夫的时候了。

“山大侠”有“旱地拔葱”的绝世轻功。看，它轻轻试探了一下前面的不明物体，就发现不对劲。说时迟，那时快，也不知哪来的一股力气，它瞬间起跳，腾空连翻了好几个跟头，刹那间就不见了踪影。据传，它的这门轻功，即便在昆虫江湖中也堪称绝学。

山大齿猛蚁纵身一跃，到底能跳多远呢？科学家用刻度尺测量后，发现身长仅有 1.1 厘米的山大齿猛蚁足足跳出了 24 厘米。

这相当于人类运动员立定跳远 20 多米远！再来测量一下它跳出的高度：虽然只有 4 厘米，但以它的个头换算，也相当于人类从地面蹦上三层楼的高度了！

著名的蚁类学家冉浩告诉我们，山大齿猛蚁的“轻功”并不是以腿脚来发力的。当它遇到对手时，会先将上颚打开到 180 度，用上颚疾速打击地面或者是硬物，通过反作用力把自己弹出去，迅速离开危险的地域。捕猎的时候，它疾速打击上颚，可以直接把猎物的体壁击穿甚至打出猎物的内脏。它的咬合速度相当于人类眨眼速度的 2300 倍，闭合速度高达每秒 200 千米。如果换算成人的力量，等于打出了超过子弹的速度。它上颚的惊人力量从何而来呢？原来，其动物的生理基础，在于口腔内那一对类似门闩的外骨骼。张口时，分开上颚，利用“门闩”将其撑住，这时，它的头部会收缩，进行蓄能。在咬合的瞬间，这对“门闩”会移到旁边，上颚便在肌肉的拉动下瞬间闭合，释放能量，发出“咔嚓”的声音。

请判断

山大齿猛蚁在用上颚钳住猎物的同时，还会释放毒素进行攻击。

A. 真的　B. 假的

嘉宾观点

小张： 我认为是假的。节目中不是说它的速度很快吗？猎物会一下子被它咬死，那为什么还要用毒液呢？

小浩： 我认为是真的。小张说的虽有道理，但是山大齿猛蚁体形并不大，它一次只能打穿一个很小的洞。这个洞很难让大一些的猎物在短时间内毙命。

张博士的科学小课堂

为什么山大齿猛蚁有那么强的上颚，还有毒？这跟它的习性有关系。它主要捕食大型的猎物，在这种情况下，它也需要用毒，否则即使有上颚，也不一定能制伏那么大的猎物。这是动物进化当中比较特殊的例子。

正确答案是A。你答对了吗?

长知识啦

目前，世界上发现的大齿猛蚁属约有60种，中国记录的大齿猛蚁共有7种，分别是山大齿猛蚁、粗纹大齿猛蚁、西氏大齿猛蚁、蓬莱大齿猛蚁、长大齿猛蚁、争吵大齿猛蚁和西藏大齿猛蚁。

大多数蚂蚁喜欢群体狩猎，但山大齿猛蚁却擅长孤军奋战。

遇到危险时，山大齿猛蚁会立即打开上颚，随着敌人的移动而调整方向。它的蜇针细长，被它蜇后，疼痛感甚至超过被马蜂蜇。

山大齿猛蚁生活在温暖潮湿、有落叶层的森林里。只要你不主动伤害它，与它保持一定的距离，它也绝不会搭理你。

主持人： 有哪些动物拥有大长腿呢？你可能会最先想到火烈鸟、长颈鹿。小短腿呢？柯基、海参、鸭子、企鹅……它们走路的样子都好可爱。但是，企鹅或许会表示不服。不服？来辩！

大长腿企鹅和小短腿长颈鹿

长颈鹿自诩身材高挑、姿态优雅、腿部纤长、线条完美，是动物界的“长腿超模”。可是这话一说出来，企鹅立刻跳起来表示反对。接下来，让我们来看一场动物之间的辩论赛……

企鹅： 大家只看到了表面现象，没有看到事物的本质。今天既然讨论大长腿，我们就来好好比一比。在大家看来，我们企鹅的腿又粗又短，实际情况是这样吗？非也。为了让大家有更直观的感受，我将带大家拨开迷雾，不，是拨开我们厚实的羽毛和脂肪，看看企鹅一族真实的骨骼。我们的股骨（大腿骨）、胫骨和腓骨（小腿骨）藏在羽毛和脂肪里。你们平时见到的，只是我们小腿骨的一小部分。

阿德利企鹅

长颈鹿： 就算你把藏起来的腿骨算上，也还是不如我腿长呀！

企鹅： 腿长腿短，不能光看长度，还要看和身体的比例。你们想想，我们企鹅的身高约 52 厘米，腿长约 18 厘米，能占到身体的 1/3！你们长颈鹿走起路来膝盖都是往后弯曲的，好难看！

长颈鹿： 这有什么？这是我们的身材特色！

企鹅： 不对，大家以为的你们的膝关节其实并不是膝盖，而是脚踝！你们的脚踝下面是趾骨，也就是脚掌的骨头，脚踝上面才是小腿。你们的大腿和躯干离得很近，常被大家忽略。所以，大家以为的你们的大腿和小腿，其实是你们的小腿和脚掌。你们平时走路，其实都是“踮着脚”在走呀！

长颈鹿： 就算是这样，我们的腿也不见得短啊。

企鹅： 别得意，咱得用事实说话，我们来测量一下你们腿骨的长度：你们的大腿骨骼近 30 厘米，小腿骨骼近 40 厘米，而你们的脚掌却足足有 60 厘米高。按平均身高 4 米计算，你们的腿约占身高的 1/5 到 1/6！所以按照比例来说，我们企鹅的腿并不短，你们才是踮脚走路的小短腿、大脚丫哟。

长颈鹿： 好吧，还是被你发现了，不过我们这种“踮脚走路”的方式，可不是为了显腿长，长成这样，自有我们的道理哟！

请答题

长颈鹿“踮着脚”走路，最大的好处是什么？

A. 利于奔跑

B. 提升身体高度以便觅食高处的植物

C. 支撑身体，保持平衡

嘉宾观点

小宇：我选 B。长颈鹿的脖子和身高都是进化的结果，目的就是能够着高处的植物。

小丽：我选 A。长颈鹿其实跑得挺快的，它需要躲避天敌的追捕，很多食草类动物（比如瞪羚）都是用快速奔跑的方法来躲避天敌的。

小浩：我选 B。吃到食物远比躲避天敌的追击重要。生存是第一需要，躲避追击是第二需要。

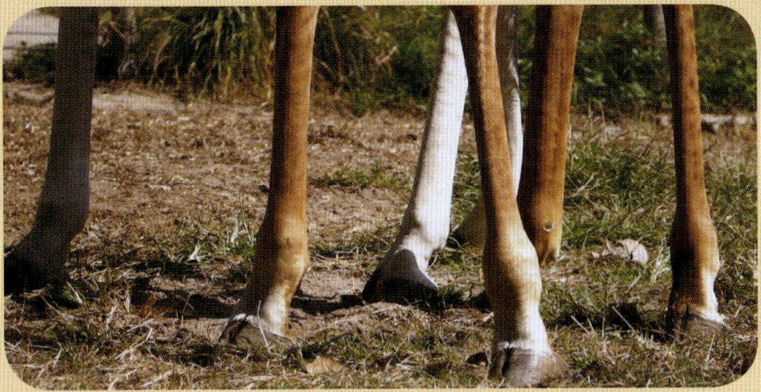

张博士的科学小课堂

长颈鹿属于有蹄类动物，趾甲对于长颈鹿来说是增生、增厚的蹄子（相当于人的脚趾甲），这种进化方式让它们在“脚尖”着地时，接触地面的受力面积更小，便于奔跑和跳跃。具有相同情况的还有山羊。我们知道山羊擅长在岩石上攀爬，也是因为山羊的蹄子接触地面的面积小，弹跳起来非常便捷。因此，这种“设计”有利于长颈鹿的奔跑。

正确答案是 A。你答对了吗？

唯一有毒的灵长类动物

在美丽的云南省普洱市，警官李虹霏带我们来林子里观察动物。作为森林公安，她经常要和野生动物打交道，所以会遇到一些我们平时不常见的事儿。这天，李虹霏接到报警，来到一个村子里，她发现一只小蜂猴躲在报警人家的花盆里。别看蜂猴动作迟缓、样子呆萌、大眼无辜，可它们是世界上唯一有毒的灵长类动物，可以将胳膊肘处的毒液和唾液混合，以此来攻击敌人。李虹霏和同事小心翼翼地把蜂猴带到野生蜂猴的栖息地放生，让它回到了自己的族群。希望回到家的小蜂猴能够平安、幸福。

请判断

蜂猴会利用自身的毒液进行捕食。

A. 真的　B. 假的

嘉宾观点

小浩：我认为是假的。蜂猴的毒长在胳膊肘上，如果感觉到有危险，它就会伸出嘴，嘬自己的毒液，然后咬敌人，让对方中毒。因为它是防御，不会主动出击，所以说蜂猴用毒液捕食是不对的。

张博士的科学小课堂

蜂猴会把毒液和唾液混合在一起，抹在身上，捕食者接近蜂猴时，会因为闻到特殊的气味而不敢去攻击它。毒液跟捕食没有什么关系，因为蜂猴喜欢吃的东西是肉虫子，所以它用不着通过释放毒液捕捉猎物。

正确答案是B。你答对了吗？

蜂猴行动缓慢，一双水汪汪的大眼睛和浓密的毛发让它看上去十分呆萌。虽然外表呆萌，但它的毒液也会造成伤口感染和肿胀，对体形较小的动物而言，伤害较大。

捕鱼高手中华秋沙鸭

山间、密林，他用脚步丈量着脚下这片土地；森林、湖泊，他用相机和伪装网搭建起一处隐秘的“约会”场地。入冬后，江西省鹰潭市龙虎山景区护林员肖冬样每天都会来这里看他的朋友们，赶赴一场和中华秋沙鸭的冬日约会。

中华秋沙鸭的踪迹比较难寻，有时在河上游，有时在河下游，有时只能偶尔看见它们飞过，不管什么情况，肖冬样都会在它们常出现的地方观察。他能从掉落的羽毛看出它们的性别：公鸭的羽毛纹理清晰，母鸭的清晰度差一点；成年公鸭的冠羽是黑色的，在阳光的折射下会有绿色的金属光泽，母鸭的冠羽是棕色的，差异明显。

中华秋沙鸭是一种候鸟，全球种群数量不足 5000 只，是国家一级保护动物，也是我国特有的物种。每年冬季，它们会从我国东北地区和俄罗斯西伯利亚迁徙到南方来过冬，因对环境要求极为苛刻，越冬地又零散分布，所以中华秋沙鸭的生活向来神秘。

护林员肖冬样的任务就是寻找、观察、保护中华秋沙鸭，他这一干就是 13 年，十分不易。凌晨 4 点多，他就从家里出发，前往特定地点守候。如果不知道中华秋沙鸭是从哪个方位来的，他就无法将其记录在案。晚上，等它们睡醒了、离开了，他才能过河，以免惊扰到它们。

2007 年冬季，专家在龙虎山景区首次发现了中华秋沙鸭的活动踪迹。让人们感到震惊的是，这里的群体规模十分庞大。既然这么珍贵的物种选择在鹰潭做客，那么观测和保护的事就要有人干。老肖是个干一行爱一行的人，也耐得住寂寞，领导便把这个任务交给了他。慢慢地，老肖对中华秋沙鸭产生了兴趣，开始用相机记录，也逐渐摸清了其种群的生活规律。他还掌握了好多别人看不到也没听说过的秘密，比如集体捕食——中华秋沙鸭会在湖面上集体飞奔，用翅膀和脚掌搅动湖水，吓得鱼儿跳出水面，极大地提高了捕到鱼的概率。在它们捕鱼时，白鹭喜欢站在一旁捡现成的鱼吃。

老肖十几年如一日地守护着这里的一草一木，通过长期观察，他给科研人员提供了很多关键数据，帮助科研人员进行中华秋沙鸭的越冬食谱课题调研，为研究和保护工作做出了很大的贡献。2020 年，肖东样荣获“全国劳动模范称号”。

几只在石滩上晒太阳的中华秋沙鸭
（供图 / 鹰潭市龙虎山景区护林员肖冬样）

请答题

以下哪项属于中华秋沙鸭的越冬食物？

A. 植物种子　B. 水生昆虫　C. 淡水水母

嘉宾观点

小宇：我选B。我在广西北海也见过普通秋沙鸭，冬天没有看到它们吃植物种子。

安安：我选 B。大家都知道，水母 90% 的成分是水，没什么营养。冬天肯定要吃点有营养的，所以还是吃点肉吧。

小张：我选 B。我感觉水生昆虫好多都是待在那儿，一动不动或是活动得比较慢，就比较好抓。

雄中华秋沙鸭的头羽黑色中略带绿色金属光泽。

雌中华秋沙鸭的头羽为棕色。

张博士的科学小课堂

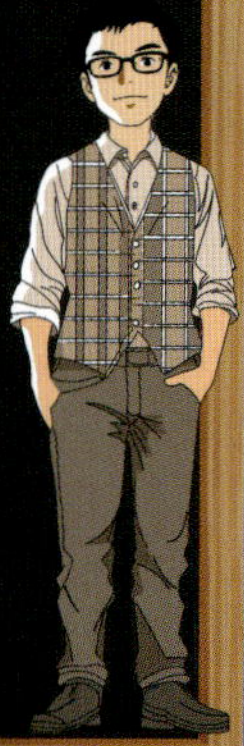

中华秋沙鸭的主要食物是鱼，但是在冬天，因为河面结冰，鱼捕捉起来会比较困难，所以中华秋沙鸭也会以水生昆虫为食物，补充营养。作为捕食性鸟类，中华秋沙鸭的嘴是尖尖的，有“钩”，所以更容易捕食猎物。

正确答案是 B。你答对了吗？

主持人：武汉动物园里生活着一只年长的川金丝猴，28 岁了，换算为人类的年龄也算是百岁老人了。“猴奶奶”最近吃得多、拉得少，有些便秘，几只小金丝猴也不消停，一直躲着饲养员，这上有老、下有小，饲养员该怎么办呢？

金丝猴的带娃神功

龚驰是武汉动物园金丝猴馆的一名饲养员。一大早，他就接到了金丝猴“细细”不好好吃饭的报告。

“细细”已经 28 岁了，行动能力和消化能力都很弱，但凡有一点不舒服，都会让饲养员特别紧张。

最近，“细细”的精神状态不好，龚驰立即叫兽医给它检查。原来，它的肠道里积了许多便便。饲养员决定给它喂一些比较容易消化的食物调理调理，蔬菜是首选。

便秘问题得到有效解决后，“细细”的身体也越来越灵活，

可是它对饲养员的依赖却逐渐增强。你瞧，饲养员离开后，“细细”那满是期待的眼神……这可怎么办呢?

这些天，园里刚刚来了几只小金丝猴，两只三岁小猴对环境很不适应，和饲养员也很陌生，不敢接近，还挑食。在没有人的时候，它们就不停地上蹿下跳，但是只要有人靠近或者发出一些声响，它们就显得非常紧张。

饲养员根据经验，决定给小猴布置新家。他们找来小叶女贞树，给小猴采取了一些丰容措施①，希望以此来激发起它们的好奇心，让它们慢慢地适应环境。不过，布置好之后，它们还是经常躲在角落里，对陌生环境的抵触仍然存在。

“细细”看到两只小猴后，显得非常感兴趣。既然环境的改善和饲养员的陪伴都无法改变小猴紧张的状态，那么同类之间的

---

①丰容措施：动物园为避免动物无聊，丰富野生动物生活情趣，满足动物生理、心理需求，展示动物自然行为而采取的帮助动物休息放松的措施。

一只小猴正在为“细细”理毛。

相处是否可以转移注意力，减轻这种抵触感呢？当然，将它们放在一起会有打架的风险，饲养员考虑再三，最后决定先试一试，看看效果如何。

打开两个笼子之间的门后，“细细”慢慢接近小猴的生活区域，是去打招呼吗？不，只是去吃食物。小猴也在试探，小心地接近“细细”。它们会打架吗？饲养员们越来越紧张，担心它们一言不合就动手，两败俱伤。

它们自然而然地靠近了，看起来很和谐。在“老奶奶细细”的带领下，两只小猴慢慢开始熟悉新家，不挑食，不认生，“细细”过度依赖饲养员的情况也得到了改善。

无论是对于“懵懂少年”还是“期颐老人”，这份情谊都是弥足珍贵的。

请答题

以下哪项属于金丝猴之间最主要的亲密行为?

A. 拥抱　B. 亲吻　C. 理毛

嘉宾观点

小丽： 我选 C。以前我关注最多的其实是黑猩猩，我觉得这两种动物应该差不多，都会为对方梳理毛发。

安安： 我选 C。因为经常有虫子跑到金丝猴身上，所以它们需要理毛，理毛是表示友好的行为，不然它们就要打起来了。

张博士的科学小课堂

川金丝猴种群间常见的亲密行为，主要是梳理毛发。但科学家通过对它们社会结构的深入研究发现，事情并没那么简单。一是它们身上没那么多虱子，猴子还是很干净的；二是存在等级制度，最高级的猴王或王后是至高无上的，因此它们永远都是享受的，是被理毛的。在川金丝猴的世界里，都是级别低的给级别高的理毛，如果级别差不多，大家就会互相理毛。

正确答案是 C。你答对了吗?

主持人：说到玩走迷宫游戏，大家各有各的诀窍。有的人是要么一直往左走，要么一直往右走；有的人是看到路口做记号；还有的人干脆两眼一抹黑地走。不过对于下面这种动物来说，走迷宫简直不是个事，关键人家个头还挺小的。一起来看看……

小白鼠走迷宫

为了证明动物也会走迷宫，科学家组织了一场小白鼠迷宫挑战赛。科学家准备了一座大型迷宫，迷宫长 2.8 米、宽 1.2 米，有一个入口，两个出口。一个是出口设置较近的红色路线，另一个是出口设置较远的蓝色路线，在出口处放置小白鼠最爱吃的食物，以便诱惑它们走到出口。

两只参赛的小白鼠分别叫小白和小绿。第一个进入迷宫接受挑战的选手是小白，它前进的速度非常缓慢，小鼻子不停地闻着，小心翼翼地匍匐前进。突然，它停住了。原来，小白今天吃多了，它在“嗯嗯”！好，解决完“三急”问题的小白恢复状态，接着探索迷宫。经过摸索，它终于走出迷宫，看到了可口的食物。但小白并没有急着吃食物，而是迅速躲进迷宫，在确认四周很安全之后，这才把食物拖进迷宫的角落，大快朵颐。看来，吃之前清空肚子还是有必要的。恭喜这个不讲武德但却胆大心细的小白，它完成了挑战，选择了距离较近的红色路线，用时 10 分钟。

接下来是小绿，它会和小白走一样的路线吗？只见小绿在红色路线的起始点只做了短暂的停留和探索，大概是闻到了小白便便的味道，它转头向蓝色路线的方向行进。走了一段后，小绿可能觉得很远，又回到了红色路线，但大概还是受不了小白便便的味道，最终又重新转回到蓝色路线。快到蓝色路线的终点时，小绿再次重走回头路。不过最终它还是通过蓝色路线走出了迷宫，开始享用美食。恭喜小绿，用时 30 分钟，选择了距离较远的蓝色路线。

第一轮挑战，我们看到小白和小绿分别选择了不同的路线，虽然用时不同，但它们都能积极探索。那么，如果我们将小白和小绿再次放入迷宫，它们会有什么样的表现呢？

小白进入迷宫后，健步如飞，毫不迟疑，朝着终点跑去，它选择了重走老路，只用了 1 分钟就到达红色路线的终点。小绿同样毫不迟疑，健步如飞，也选择重走老路，用了 1.5 分钟走出迷宫。

在第二次挑战中，小白和小绿都选择了第一次挑战时开辟的路线，而且它们明显不像第一次那样谨慎地探索，而是轻车熟路。那么，问题来了。

请判断

小白鼠是通过什么方式找到第一次走过的路的?

A. 嗅觉　B. 视觉　C. 记忆力

嘉宾观点

小丽：我选C。小白鼠不仅有记忆力，还有空间感知能力。

小泽：我选C。鼠属于啮齿目，再往上一级叫灵长总目。说通俗点，和人类有亲缘关系。人和老鼠都很聪明，这就是老鼠能找着家门的原因。

小张：我选A。我记得在法布尔的《昆虫记》里描述过，法布尔在蚂蚁走过的路上铺了一张报纸，蚂蚁照样可以走原路，说明蚂蚁可不是按照记忆寻找路线的，是靠嗅觉。老鼠亦然。

小宇：我选C。给蚂蚁铺了张报纸还能找到路，证明蚂蚁是靠记忆找到的。

张博士的科学小课堂

这次实验后，我们将迷宫清理了一下，把小白和小绿留下的气味清除，然后把它们重新放进迷宫。我们发现，小白开始重新探索，而小绿却在探索后走了与前两次完全不一样的路——红色路线。所以，小白鼠是靠嗅觉来寻找之前标记的路线的。这类动物最典型、最重要的辨别方式还是依靠嗅觉。因为它们的嗅觉相当灵敏，能接收到微小的气味分子。

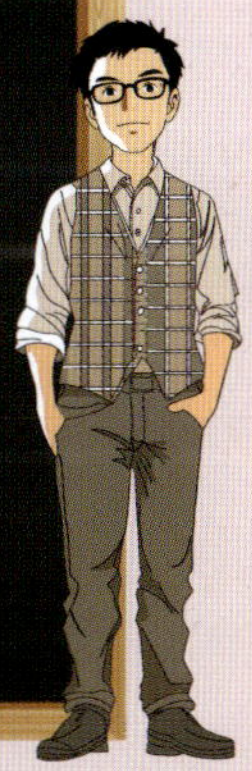

正确答案是A。你答对了吗?

主持人： 皮皮虾大家都不陌生吧。关于皮皮虾的传闻有很多，有人说皮皮虾会倒立，有人说皮皮虾会拳击。那么，让我们一起来看看皮皮虾的自白吧。

虾界的“战斗虾”

“战斗虾”这个称号对我来说可是当之无愧的，因为我会拳击！

是的，你没有听错。我的胸部共有八对附肢。前五对是颚足，负责捕食，后三对是步足，负责水下移动。在我们的腹部，五个腹节各有一对游泳肢，负责游泳。

现在，我要隆重介绍的是我强劲有力的第二对颚足，它扁平有力，有六个尖齿，是我捕食和御敌的利器，也被称为“掠肢”。什么？别光吹牛，展现一下真正的绝技？——我打！看，贝壳上有裂痕了！再打！看，贝壳上的裂痕越来越大！我打，打，打！女士们、先生们，先不跟你们聊了，我先享用完碎开的贝

壳肉再说吧！

以后啊，你们就别再说我吹牛了，难道“徒手碎贝壳”还不够酷吗？有本事，你不用任何工具，也徒手碎一个试一试？而且，我不单单是颚足强大，游泳肢也很厉害。你知道我的游泳肢有什么特别之处吗？

请判断

皮皮虾可以用游泳肢呼吸。

A. 真的　B. 假的

嘉宾观点

安安：我认为是真的。皮皮虾的游泳肢毛茸茸的，我觉得跟鳃弓的结构比较接近。

小浩：我认为是假的。如果皮皮虾的附肢能呼吸又能运动，那么就会有一个非常致命的问题：如果有呼吸功能就会有鳃，鳃又很脆弱、很软，在高速运动的时候，会受伤。这样很不合理啊！

张博士的科学小课堂

皮皮虾的鳃的位置和一般虾类不同，一般虾类的鳃长在头胸部，而皮皮虾的腮长在游泳肢上，这样可以增加氧气交换的面积，使它们的身体处于高氧状态，从而身体更加灵活，爆发力也更强。

其实皮皮虾是用鳃来呼吸的。只不过，皮皮虾鳃的位置不像我们常人所理解的那样，而是像鱼的鳃那样，游泳肢其实才是它的鳃。

正确答案是A。你答对了吗？

珍贵的黑脸琵鹭

深圳福田红树林生态公园是全国面积最小、离城市最近的红树林公园。今天的动物观察员、科学保育工作者戎灿中将带领我们在这片红树林里逛一逛。你可能觉得奇怪，明明是绿油油的一片树林，为什么叫红树林呢？其实，红树枝条内含有单宁，单宁遇到空气会氧化会变红。这才是人们称其为“红树林”的原因。

戎灿中带我们来到公园的老河口观鸟屋，通过望远镜观察前面滩涂上一只正在觅食的黑脸琵鹭。秋天，黑脸琵鹭的主要食物是鱼，到了冬天，它们就以虾和蟹为主食。觅食时，黑脸琵鹭有一个很特殊的动作，就是用长长的嘴巴左右扫荡。

1990 年，黑脸琵鹭在全球的数量不到 400 只。2020 年，全球数量达到 4864 只。为了保护濒危的黑脸琵鹭，人们开展了栖息地生态保护工作。老河口原本是一个废弃的码头，经过论证和研究，人们把码头的坡度改低，建设出有潮汐变化的滩涂。环境改造完成之后，黑脸琵鹭成为老河口的常客。

2020 年春天，红树林生态公园的黑脸琵鹭数量最多时可达 23 只，这是它们对湿地保护工作的鼓励和肯定。我们希望未来会有越来越多的黑脸琵鹭能够来深圳红树林越冬和生活。

黑脸琵鹭长有勺子一样的长嘴，很像中国乐器中的琵琶，因而得名。

请判断

黑脸琵鹭的上下喙一样大。

A. 真的　B. 假的

嘉宾观点

小浩：我认为是假的。刚才说黑脸琵鹭是吃虾和螃蟹的，它的喙要是一样大，就会不太灵活，夹不住食物。如果是一大一小的喙，一下就能夹住食物了。

张博士的科学小课堂

在我们的国家动物博物馆里，有一只黑脸琵鹭的标本。看到它时我也很惊讶：它的嘴巴上下不一样大，而且上面的嘴还有略微往下的轻微的坡度，上面的嘴更大一点。

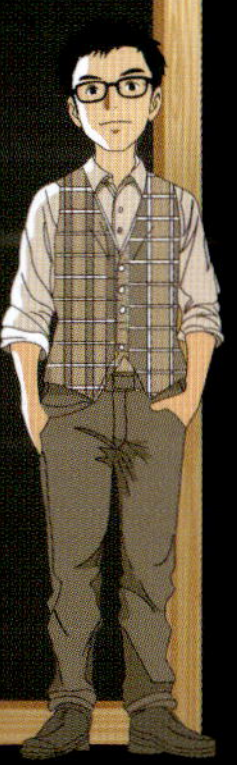

正确答案是B。你答对了吗？

雨林“歌王”

海南长臂猿可谓是人类孤独的近亲，它们分布在海南岛西南部的一片热带雨林里，是世界上现存数量最少的灵长类动物。

海南岛上曾经生活着数以千计的长臂猿，因为人类非法偷猎，再加上森林砍伐而导致的栖息地的破坏，长臂猿种群受到重创，到 1980 年仅存 7 只。近年来，随着对野生动物栖息地保护力度的加强，长臂猿种群数量才有所增加，但也只有 37 只。

作为出众的“雨林歌王”，海南长臂猿一声声悠扬而富有节奏感的叫声唤醒了沉睡的热带雨林。每月至少有 15 天，海南热带森林国家公园巡护员韦富良和他的同事们要在凌晨 4 点前往山上蹲点。他们根据长臂猿鸣叫的方位判断其位置，统计种群数量，记录个体情况和食物种类。因为只有深入了解这些动物，人们才能更好地守护它们。

如果巡护员听到长臂猿的叫声，就会用对讲机通知其他人赶过来。在一个拥有 8 只长臂猿的家庭中，有 1 只未成年的小猿每

次都会好奇地看着巡护员，他们之间最近时的距离只有3米左右。

因为海南长臂猿是终生不下树的，人类只能爬上树去观察它们，所以巡护员人人有绝技，那就是爬树。他们身手敏捷，穿梭于高大乔木间，能把远红外线相机架设得很高，并定期收集数据和检查机器。

2014年，一场超强台风打破了这里的平静。风雨过后，一群长臂猿的活动区域出现了十处滑坡，其中一处恰恰是它们的必经之地，这群终生不下地的树栖动物遭遇了生存难题。巡护员们背着沉重的绳索，冒着危险爬到15米高的树上，搭建起一条空中索道，想让长臂猿从绳索上穿梭。对这条人工搭建的索道，长臂猿在很长一段时间里都只是观望，直到半年后才开始使用。从此，人工索道连通了雨林，扩大了这群长臂猿的栖息范围。

为了这群濒危的灵长类动物，巡护员们无惧危险，夜以继日地守护着，让这座原始雨林更加生机盎然。

请答题

海南长臂猿的婚配制度是（　　）。

A. 一夫一妻制　B. 一夫二妻制　C. 多夫多妻制

嘉宾观点

小泽： 我选 A。长臂猿跟人类是近亲，我觉得它们的婚配制度可能跟人类比较接近。

安安： 我选 A。天行长臂猿就是实行一夫一妻制的，所以我认为海南长臂猿应该也实行一夫一妻制。

小丽： 我选 A。安安所说的天行长臂猿，我去云南高黎贡山时也看到过，那里有一只猿单独生活，应该就是遵循了一夫一妻制。

张博士的科学小课堂

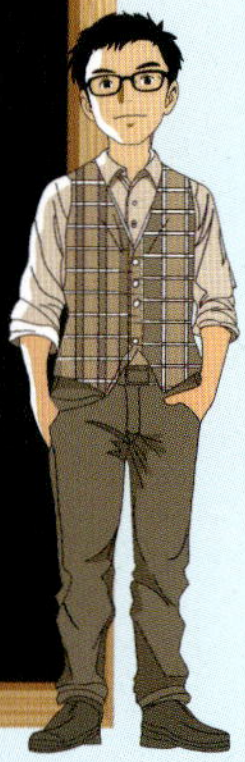

我们监测到长臂猿是一夫二妻制，包括一只公的、两只母的，其他都是未成年的小猿。

海南长臂猿情况非常特殊，因为最早只有几只，种群数量太少可能是它们无法组建一夫一妻制家庭的主因。

我们看到中国的护林员在自然保护地跟踪野生动物，他们的贡献非常大，我们应该向他们致敬。

正确答案是B。你答对了吗？

主持人：大家平时都写过日记吗？下面我们要分享的日记内容有些不一样。日记的作者来自北京，还在上高中，是一个女孩，她在日记里记录了“森林小霸王”豹猫一家的生活。我们来看看她的日记吧！

伟大的豹猫妈妈

我是陈雁之，一名 16 岁的高中生。每隔一周，我就会去北京野鸭湖湿地自然保护区，收集远红外线相机中的素材。在这片湿地中，有我守护了半年的小可爱：豹猫一家。虽然豹猫在北京地区的整个生态链里是层级较高的一环，但它也面临着很多危险——盗猎、宠物交易等。2020 年夏天，我发现了豹猫一家，它们体形小巧。但它们为何会处在食物链上层，是我特别好奇的。它们吸引了我，于是我决定偷偷观察它们。

2020 年 6 月 3 日，晴。凌晨 3 点 21 分，豹猫“亮女”第一次出现在镜头中。因为它总在远红外线相机前眯着明亮的眼睛，所以我给它起名“亮女”。

远红外线相机拍摄到的豹猫“亮女”

2020 年 6 月 29 日，小雨转阴。凌晨 2 点 43 分，“亮女”带着两只豹猫宝宝出现在相机镜头中，原来它是一只豹猫妈妈。没一会儿，又有两个宝宝出现了，“亮女”竟然生了四个宝宝！一般豹猫一次能

豹猫多栖息于山地林区，在靠近水源的地域活动。

生两个宝宝，生育了四个宝宝的“亮女”，简直就是豹猫里的英雄母亲啊！

2020年8月6日，阴转多云。豹猫宝宝们长大了许多，在镜头前越来越活泼了，无忧无虑地打打闹闹。

为了能继续监测豹猫一家，我对四只小豹猫进行了区分。你看，这是“大圈”，它的体形最大，尾巴上圈纹密集；“二花”是只花脸的母猫，脸上和尾巴上有着斑驳复杂的花纹，它是最调皮的一个，不仅和兄弟姐妹玩闹，还会尝试伏击妈妈；“三蛋”是一只长相俊秀的小公猫，喜欢左看右看，总是很好奇；最小的是“小歪”，因为尾巴上的条纹歪歪扭扭的，所以有了这个名字。

四个宝宝逐渐长大，逐渐独立，现在已经不像以前那样经常在镜头前玩闹了，我近期拍到的都是单只小豹猫急匆匆走过的画面。冬天就要到了，我有一个月没见到它们在镜头里出现了，它们的情况怎么样了？捕食的难度增加了，它们生活得还好吗？每次来看远红外线相机里的素材，就像是拆盲盒，不知道会有什么在等着我。

2020年11月15日，多云。四只小豹猫又长大了些。它们即将迎来独立生活，训练它们的捕食技巧也变得更为紧迫。压低身子、耐心等待，你看，“二花”已经学得有模有样了。过了冬季，小豹猫就要独立生活了，看来，它们已经做好了离开豹猫妈妈的准备。

我想通过影像告诉大家，我们周围生活着这么多可爱的动物。虽然有时人类并不能看见它们，但它们就生活在我们身边。当发现它们的生活跟我们的生活息息相关时，人类才会更加关注自然，通过自己的行动，让地球的生态越来越好。

请答题

豹猫妈妈在正午频繁出没的原因是什么？

A. 定时排泄　B. 寻找食物　C. 放松休息

嘉宾观点

小宇：我选 C。在远红外线相机收集的素材里，最活跃的一段正是这些猫宝宝嬉戏打闹的时间，我认为正午应该是放松休息的时间。

小张：我选 B。我觉得不可能每天都在正午放松休息，而且还在同一个地方。它们肯定是有吃饭规律的，就跟人一样。

安安：我选 A。我有一只小猫，它总是在我午睡时疯狂地刨猫沙。我觉得，它如果不是故意要打扰我午睡，那应该就是在排泄。

原来如此

豹猫与所有猫科动物一样，习惯昼伏夜出。只有哺乳期的雌性豹猫才会在中午和晚上都表现活跃。

“亮女”需要养育四只小豹猫，为了找到足够的食物，它必须频繁往返于巢穴和捕猎点，即使是正午也需要外出捕猎，寻找食物。

张博士的科学小课堂

画面当中，妈妈带着 4 只幼崽，对食物的需求量比较大。小豹猫的体形甚至接近成年的豹猫了，又不再喝奶，所以就要吃较多的老鼠。豹猫的主要食物是啮齿类，有时候也会抓兔子。在这种情况下，豹猫妈妈需要频繁去捕食猎物。

正确答案是 B。你答对了吗？

主持人：人类小孩大多像爸爸和妈妈，但一些动物就不同了。父母看着刚出生的宝宝，哟，这不像我啊？这是我生出来的吗？必须承认，有很多动物幼崽，甚至“亚成体”，跟“成体”之间区别都很大。来，上课，看看它们的像与不像。

“像爸妈派”和“不像爸妈派”

动物宝宝出生时的样子到底和父母像不像呢？在这一问题上，动物界分成了两个派别。

我们请“像爸妈派”首先登场！

长颈鹿的出生方式令人震惊——长颈鹿宝宝直接从近两米高的空中掉落到地面，可以看出，长颈鹿宝宝像是缩小版的成年长颈鹿。

重量惊人的大象宝宝，出生时也像极了爸妈。

河马以嘴大闻名。你们看，刚出生的小河马，嘴就不小，它和自己的父母长得一模一样。

水里游的长江江豚，刚出生时也是父母的缩小版。

大自然中，一定还有很多动物属于“像爸妈派”。那么，“不像爸妈派”的动物又有哪些呢？

大红鹳

大红鹳宝宝

红鹮宝宝其貌不扬

成年红鹮羽毛艳丽

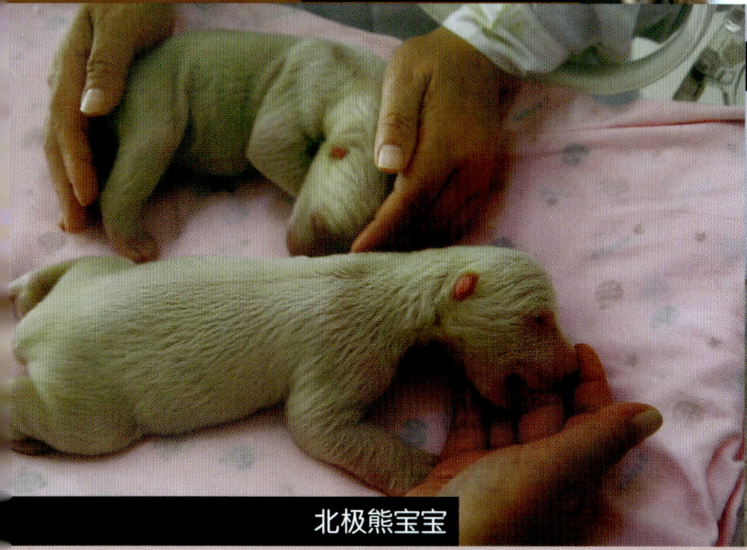

北极熊宝宝

南美貘母子

刚出生不久的大红鹳看起来像一团灰色的毛球，站在父母身旁的大红鹳宝宝会让我们误以为是被爸妈抱错了。

来看看这团酷似煤球的小家伙是谁的宝宝吧！答案是红鹮。好玩的是，成年红鹮和成年大红鹳长得很像，是“长得像”动物系列；而它们的宝宝，自然是携手走进“长得不像”动物系列啦！

南美貘（mò）宝宝像一只长着花纹的小猪，但它的父母可没有这样的花纹，真不像一家人。

看看上图左下方的这两个小家伙，像不像粉色小耗子？其实它们是大熊猫宝宝和北极熊宝宝，出生时都不太像爸妈，都属于“不像爸妈派”。

看来，这两派的动物都不少。那么，请你猜一猜，豪猪属于哪一派呢？

请判断

刚出生的豪猪宝宝身上有软刺。

A. 真的　B. 假的

嘉宾观点

小丽： 我认为是假的。豪猪的刺应该是后天生长出来的，为了躲避敌人、防止被其他动物吃掉，才会长刺，是一种自我保护机能。

张博士的科学小课堂

刚出生的小豪猪身上有很柔软的棘刺，这些刺会随着它们的成长逐渐变硬，长大了就和它们爸妈的一样了。

其实小豪猪身上的棘刺就像毛。刺猬的刺、豪猪的刺、针鼹的刺，所有带刺的动物，它们的棘刺都是皮肤的衍生物，主要成分都是角蛋白，刚出生时不会那么硬。小豪猪的身体是肉肉的、红红的，跟小老鼠一样，虽然名字里有“猪”这个字，但是豪猪和老鼠一样，是啮齿类动物。

正确答案是A。你答对了吗？

主持人：我们节目中介绍过的野生动物可谓不计其数，但经过梳理我们发现，咱们还没让牛露过面。我说的牛是指生活在高原上、体形巨大、性格凶猛的野牦牛，据说它要是急了眼，能把吉普车给掀翻！一起来看看野牦牛吧！

生存的对抗

库木库里沙漠位于新疆维吾尔自治区，海拔 4000 多米，沙漠和周边地区都是人迹罕至的荒原，保留着相对完好的原始生态环境，也拥有丰富的野生动物资源。在缺氧、低温、干旱的极端环境中，高原动物们奔跑在这片大地上。

张耀东老人是一名动物摄影爱好者，今年已经 80 岁了。早已退休的他，拍摄动物的经验越来越丰富。

“我第一次到阿尔金山是在 2004 年，当时看到多达 300 头的藏野驴群，感觉非常震撼。从那个时候起，我就想着要拍摄这些野生动物，记录它们的真实情况。我拍过的动物包括藏牦牛、藏羚、黑颈鹤等。”老人骄傲地说。

在阿尔金山，野生动物的食物来

源比较充足，所以猛兽一般不会主动攻击人。当然，你不能把它们逼急了，只能远距离跟踪，否则还是会有危险。

张耀东一行人在一次拍摄时，发现有狼群在跟踪一头野牦牛，于是大家决定跟随观察并拍摄。夜晚，他们在附近搭建了临时营地。

野牦牛是“高原战士”，身强力壮，耐性极强，勇猛无畏，成群的野牦牛更是动物世界的“无敌高手”，但年老的野牦牛会离开群体独自生活，这时它的处境就会很危险，因为狼会把它当作猎物。因为两种动物之间体形差距很大，所以狼的战术是远距离跟踪。狼会把老野牦牛从荒原一步一步逼入库木库里沙漠，野牦牛在没有食物的沙漠中奋力前行，狼不敢冒进，只能在沙漠边缘等待猎物出来。

一连几天，摄影爱好者都没有见到野牦牛的身影。高原的天气变幻莫测，一场大雪悄然而至，雪后，积雪足有 20 厘米厚。在这种条件下，野生动物的生存更加艰难。这场绝境之中的生存对抗，结果究竟如何呢?

第七天早上，他们在荒原上发现了老野牦牛的尸体。看来，它没能摆脱狼群的追杀。

在保护区中，这样的生存对抗或许每天都在上演，不论结果如何，每个生命都有尊严。这些顽强生存的野生动物又能给我们带来怎样的思考?

请判断

年老的野牦牛离开群体是为了种群的健康。

A. 真的　B. 假的

嘉宾观点

小张： 我认为是假的。野生动物的智力进化不到这个程度，求生欲是所有动物的本能。除此以外，西藏地区海拔非常高，在行走中，年老的野牦牛体力跟不上，就会掉队，可以说是被动脱离群体的。

小泽： 我认为是真的。年老的野牦牛容易感染疾病。我认为它是会为了种群的健康而离开群体的。

张博士的科学小课堂

年迈的雄性野牦牛会因争斗落败，失去所有配偶而离开群体，而野牦牛不论雌雄，年迈时都会因为体能变差，跟不上队而被迫离群。

什么叫野牦牛群体？一头雄性野牦牛带着若干头雌性野牦牛和它们的小牛犊，这就是一个群体。在这个群体中，落单的往往是雄性，因为还没等到它足够老，身体状态可能就已经不好了，其他更健壮的年轻雄性就会取代它。落单的雄性往往容易被狼或雪豹等动物攻击，走向死亡。

正确答案是B。你答对了吗？

主持人： 看到那些野牦牛暮年悲惨的画面，我们不禁感慨，它们曾在这片土地上雄赳赳、气昂昂地生活着，也曾那么骁勇善战，但是到了暮年，面对残酷的自然环境，它们也别无选择。

老张和他的老朋友

三门峡是豫、晋、陕三省的交界处，被人们称为“五山四陵一分川”。每年冬天，会有上万只大天鹅来三门峡越冬，所以这里又被称为“天鹅之城”。动物观察员张明云已在三门峡拍摄野生鸟类 15 年了。从它出生时起，他一直都在跟拍这只编号为“A55”的大天鹅。

三门峡市穿城而过的涧河岸边，有一两百只天鹅在觅食。这里的生态越来越好，天鹅都愿意来这里。老张用望远镜四处寻找，很快就找到了身上系着“A55”环志的天鹅。“A55”从破壳而出到第一次下水、第一次戴上环志、第一次成功飞起，再到谈恋爱，像父母一样开始迁徙之路……每年，老张都在这里等待着“老朋友”和它的伙伴们回来。三门峡有成千上万只大天鹅前来栖息，老张会一直守护着它们。他对大天鹅的爱，正如他对这片土地的爱一般浓烈。

请答题

大天鹅宝宝是灰色的，那么黑天鹅宝宝是什么颜色的呢？

A. 黑色　B. 白色　C. 灰色　D. 褐色

嘉宾观点

小张： 我选 C。在童话故事《丑小鸭》里，丑小鸭虽然是只白天鹅，但它小时候是灰色的。我觉得黑天鹅跟白天鹅小时候应该一样，也是灰色的。

张博士的科学小课堂

如果是亲缘关系特别近的动物，往往幼年时非常相似，所以甭管大天鹅、小天鹅、疣鼻天鹅、黑天鹅、黑颈天鹅还是黑嘴天鹅，所有的天鹅小时候都是灰色的。

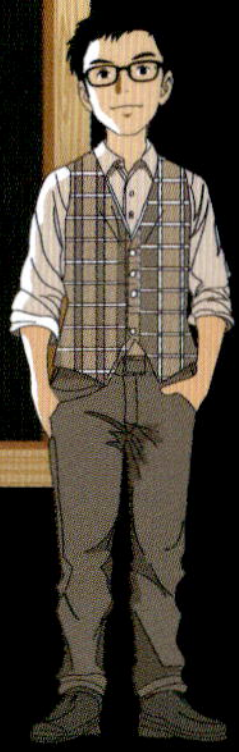

正确答案是C。你答对了吗？

礁石上的生命

在河北省秦皇岛市北戴河旅游区，动物观察员潘如辉带领大家去赶海。礁石群是很多海洋生物的栖息地，礁石上有牡蛎、海虹，它们都是交替生长的。

礁石上的贻贝

海虹并不能像黄蛤（gé）、花蛤那样在沙子里移动，它只能把自己固

请判断

海虹只需自身分泌的蛋白质凝胶就可以形成足丝。

A. 真的　B. 假的

嘉宾观点

小泽：我认为是真的。我看到这种丝本身是相连的，所以我认为它们可以自己形成足丝。

张博士的科学小课堂

严格来讲海虹不是贝类，而是软体动物，叫贻贝——贻贝不是真正的贝，它属于瓣鳃纲动物。海虹有一种特殊结构，就是足丝。足丝的内部有一层层不同的铁离子结构，有三价铁，也有二价铁，它可不是仅仅靠蛋白质凝胶就能直接形成的，一定要接触氧气氧化以后形成氧化铁，然后再固着在岩石上。

正确答案是B。你答对了吗？

清凉峰上的呦呦鹿鸣

章叔岩是浙江省杭州市清凉峰国家级自然保护区千顷塘保护站的站长。他的工作是巡山护林，保护这里的野生动物。章站长守护大山 30 多年了，那些生长在这里的鹿就像他的孩子一样。

清凉峰国家级自然保护区成立于 1998 年，是为了保护华南梅花鹿而设立的。现在，华南梅花鹿野外种群的数量大约 300 头。为了保护好梅花鹿，章站长和他的同事们花了整整 7 年时间，将梅花鹿引导到一处占地一百多亩的林区，做半生态繁殖。待种群壮大后，再将它们放归山林，让它们重返自然。这对维持生物多样性而言具有积极的意义。

放归华南梅花鹿并不像大家想象的直接开门放出去那样简单。放归野外最难的，就是要把鹿引到很小的范围内，给它麻醉后戴上项圈，以便将来对它们进行跟踪监测。野生梅花鹿特别敏感，人靠近它到了一定的距离，它就会警觉起来，还会发生撞击

我国境内有 5 个梅花鹿亚种，但目前只剩下东北梅花鹿、四川梅花鹿和华南梅花鹿 3 个野生种群。

门窗等行为，因此大家要在麻醉区的墙上贴上柔软的材料，防止梅花鹿撞伤。

野生梅花鹿因人类的杀戮而数量骤减。

2021 年 1 月 31 日，保护区工作人员放归了 16 头梅花鹿。从 2019 年至今，人们总共放归了 32 头。

虽然守山这些年很苦，但是对于章叔岩来说，快乐多于忧伤。因为自然那么美，章叔岩愿意去记录、观察自然界中的生命。很多人都向往大自然，大自然是由各种各样的生命组成的。章叔岩认为，生命是最有灵性的，只有把生命的美和珍贵展现出来，人们才会关注自然、关注生命并保护这一切。

请答题

成年雄性梅花鹿的鹿角一般分几个叉？

A. 三个　B. 四个　C. 五个

嘉宾观点

小泽： 我选 B。成年鹿的角会比小鹿多一点，所以我判断应该是四个。

小宇： 我选 C。雄鹿会为争夺地盘而打架，谁的角分叉多一点，就会在争斗中占上风。

小浩： 我选 A。梅花鹿的角有一个主叉、两个次叉，长鹿角需要很多营养，为了更“经济”，还是长少点好。

张博士的科学小课堂

只有雄梅花鹿才长角，雌鹿不长。每种鹿角的形状和分支是不一样的。梅花鹿一般四岁成年，鹿角发育成熟后不会继续生长，成年后的鹿角基本都会分四叉。

野生梅花鹿其实是濒危级别的动物，它甚至比大熊猫的濒危级别还要高。清凉峰保护区的工作人员把它们放归野外，对这个物种的恢复是非常重要的。

正确答案是 B。你答对了吗？

主持人：2018 年，《加油！向未来》节目向大家展示了一只从塑料杯中孵化出来的小鸡。21 天的时间，人们观察到了小鸡孕育的全过程，对生命的孕育有了直观、深刻的感受。时隔两年，我们一起去探访，看看这只小鸡现在生活得怎么样……

无壳孵化小鸡

今天的故事主角是“小茶缸”。虽然看起来与普通的大公鸡没有什么区别，但是，它的身世非同寻常。2018 年，《加油！向未来》节目向我们展示了它从蛋黄变成小鸡的完整孵化过程，也让我们首次见识到蛋壳之下的成长秘密。

第一天，我们看到蛋黄上圆圆的蛋白点是胚盘，一段时间后，胚盘会发育成心脏。第二天，心脏的血管向周围延伸。第四天，我们已经可以清楚地看到小鸡的眼睛。孵化小鸡对环境的要求十分严格，特别是早期温度的上升或下降，都会对胚盘的发育产生影响，稍有闪失就会导致小鸡发育不良。

小鸡逐渐成形，转眼到了第十二天。每隔一段时间，科学家就需要转动小鸡杯子的方向，防止它的血管与薄膜产生粘连。第十三天，小鸡开始长出眼睑。你知道吗？几乎所有的生命都是这样的生长顺序。第十四天，小鸡长出了白白的羽毛和清晰可见的鸡爪。第十六天，翅膀逐渐成形了。

从塑料杯中孵化的“小茶缸”已长成了大公鸡。

生长后期，科学家需要为小鸡输送氧气，防止它缺氧。现在，小鸡开始启动肺呼吸，它发育得非常好。第二十一天，小鸡终于从塑料杯子中诞生了！这个小家伙让我们看到了生命的神奇。因为它是在杯子中孵出来的，所以大家给它取名“小茶缸”。

转眼已经过去了两年，现在的它与普通大公鸡没有什么区别，有着健康的体魄、活泼的性格。回归平淡生活的“小茶缸”，惬意地享受着与同伴一起玩耍的快乐时光。作为中国首例无壳孵化的小鸡，让我们祝福它在未来的日子里健康成长。

第一天

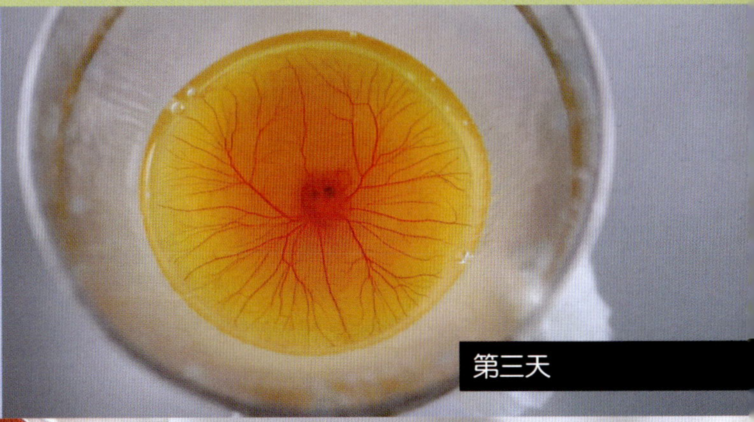
第三天

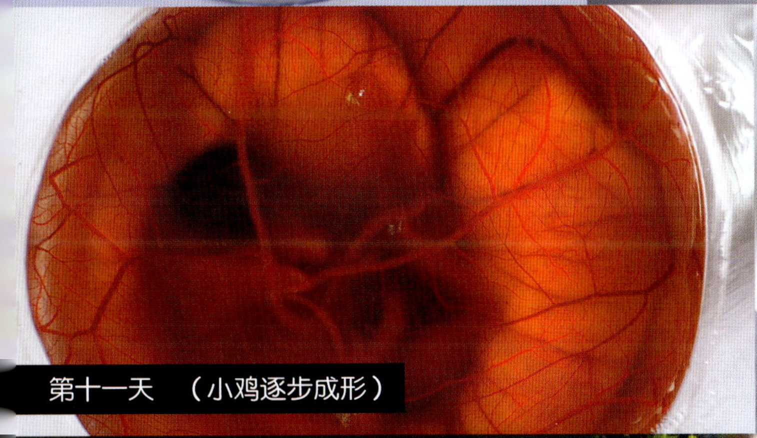
第十一天　（小鸡逐步成形）

第二十一天

毛茸茸的“小茶缸”

二岁的“小茶缸”

请答题

鸡的卵齿会在破壳后不久出现以下哪种情况？

A. 脱落　B. 吸收

嘉宾观点

小浩：我选 A。鸟类破壳时，会用卵齿把壳敲碎。“小茶缸”是长在杯子里的，但它又不知道自己在杯子里，所以敲过壳的卵齿应该会直接脱落掉。

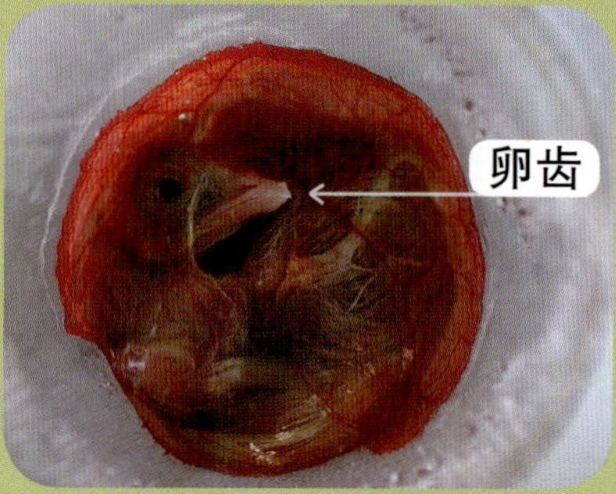

小泽：我选 B。鸡的卵齿在生长过程中也是需要营养的，我觉得不能直接脱落，还是吸收更合理。

小宇：我选 B。人家好不容易长那么大，又缺营养，吸收了怎么都比脱落了好呀。

张博士的科学小课堂

小鸡在破壳前嘴的上端会形成硬化的角质物，也就是大家看到的卵齿，小鸡会用它来啄破蛋壳，卵齿一般会在出壳后数小时脱落。卵齿像指甲一样，属于角蛋白，鸟的嘴其实主要成分就是角蛋白。它是不能被吸收的。

对于无壳小鸡，当时中国农业大学李赞东老师介绍过，之所以做这个实验，是为了让大家了解胚胎发育的过程。这些实验可能对将来研究人类胚胎发育也具有一定的意义。在这里我要特别提到一点，现在，我国非常注重实验动物的伦理问题，建立了动物伦理审查委员会。所以咱们不能看了节目，也弄几只无壳鸡出来，那是不符合科学规范的。

正确答案是 A。你答对了吗？

主持人： 一则新闻曾经牵动了广大网友的心——北京出现了一只需要救助的北极狐。它遇到了什么状况？让我们一起来探究一下吧！

北极狐在北京

2020 年 12 月 1 日，有市民报告，北京香山地区可能有北极狐出现。搜救队员推断这只北极狐可能是被人类弃养的，必须赶紧找到它并对其进行救治。经过两个多小时的搜救， 搜救队员终于找到了北极狐，将它送到了医院。

兽医王成龙给小北极狐做了全身检查，发现它的心功能异常、肝功能异常、脱水并伴有轻度贫血，小北极狐命悬一线。王医生说，这么冷的季节，没有充足的食物，这只北极狐在外边流浪了一段时间，如果没有及时被发现，可能熬不过这个冬天。

被人类弃养的小北极狐

小北极狐无法自主进食，王医生决定立刻为它输液治疗。曾经流浪过的小动物对人类和环境会很敏感，王医生细心地陪护，寸步不离。经过三天的治疗和陪伴，小北极狐终于度过了危险期，身体逐渐康复，也开始自主进食了。恢复健康的北极狐将在流浪动物基地等待专业机构的收养。

救助站里的小北极狐

北极狐为什么会出现在城市中呢？它是被人类遗弃的吗？王医生说，北极狐属于一种“异宠”，即非常规宠物。每年都会有不少异宠被主人遗弃。随着时代的发展，一些人开始不满足于饲养常规宠物。虽然很多异宠是被列入《国家重点保护野生动物名录》中的动物，但面对高额的利润，一些黑心的商家还是会铤而走险，捕获野生动物，将其驯养成异宠售卖。异宠的野性很强，经常攻击人，长期和这些动物相处，很容易患上人畜共患病。它们本不该出现在宠物市场和家庭中。希望终有一天，所有人能懂得养异宠的危害，不再购买异宠。

请答题

饲养北极狐容易患上以下哪种人畜共患病？

A. 口蹄疫　B. 血吸虫病　C. 狂犬病

嘉宾观点

小张： 我选B。首先，得“口蹄疫”得有一个蹄子，人没有蹄，有蹄类才有蹄，所以肯定不是。其次，北极狐来自北极，狂犬病毒大部分都是狗、猫等动物身上携带的，北极没有狗和猫，所以我认为得狂犬病的可能性不大。

小泽： 我选C。狐狸应该是犬科动物，得狂犬病的可能性比较高哟！

小宇： 我选B。我听说宠物是有可能得血吸虫病的。

张博士的科学小课堂

北极狐属于犬科，但与宠物犬还是有很大区别。北极狐有很强的攻击性，如果把北极狐当作宠物饲养，被攻击的可能性也会提高，患狂犬病的概率将大大增加。

很多人以为，狂犬病就是被狗咬伤、抓伤得的病，被其他动物咬伤、抓伤没事儿，这种观点是错误的。实际上，犬科和猫科动物都有致病性。狂犬病是由狂犬病毒引起的，这类病毒跟人的共患性较强，狂犬病毒通过伤口直接感染人，风险性很高。不光是犬科和猫科动物，食肉类动物可能普遍携带狂犬病毒，这是我们一定要当心的。在这里，我劝大家不要饲养异宠，因为大部分异宠，如猕猴、细尾獴、土拨鼠等，跟人类都有共患病的可能。为了您和家人、朋友的健康，千万不要随便饲养这些野生动物。

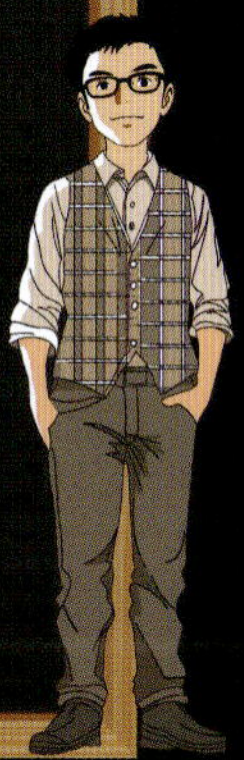

正确答案是C。你答对了吗？

主持人： 一些外来物种的放生，有时会对这一片环境生态造成破坏。让我们对异宠交易说“不”，共同守护公共卫生安全，保护我国本土生物种群。

长臂猿的“人口”普查

在我国云南人迹罕至的深山中，生活着一种只闻其声、难见其踪的“树上精灵”，它们留着利落的黑色“寸头”，就像戴着一顶帽子，它们就是西黑冠长臂猿。为了更好地保护它们，人们需要进行十年一次的种群数量大调查，参与调查的人正是当地保护区的巡护员们。

西黑冠长臂猿通常行踪难寻，要是采用常用的方式寻找，无异于大海捞针。它们每天早上都会啼叫，通过叫声来定位猿群是这次调查最重要的手段。

云南无量山哀牢山国家级自然保护区景东管护局站长赵贤坤是调查团的主力队员，他对长臂猿的声音极为敏感。猿啼时，他一下子就听出有 3 只雄猿在叫，其中还有雌猿的叫声。雌猿的叫声比雄猿低沉一点，在雄猿高亢的声音的带动下，雌猿也会激动地啼叫。如果听到 1 只雌猿叫，就可以判断这群长臂猿有 3~5 只；

如果听到2只雌猿叫，则说明这群长臂猿不会少于5只且至少有1~2只小猿。通过听的方式除了可以判断出雌雄、数量等信息，巡护员还能了解到其家庭成员间的亲密度——啼叫越频繁、默契，说明长臂猿夫妇的感情越好。

对于长臂猿种群位置的确定，要靠多人协同才能完成工作。调查团通常分为两组，两组成员听到的声源方向相交于一点，就可以得到长臂猿种群分布的大致位置了。

上午11点，长臂猿停止啼叫，调查团的监测工作也结束了。像这样的调查至少需要1个月的时间，巡护员每天凌晨5点出发，走上至少1个小时的山路，到达监测点。他们常常要风餐露宿，背着沉重的补给在山间行走，一双新鞋穿半个月就会磨出洞来。除了赵贤坤所在的团队，还有四个这样的团队，也在不同的点位监测。

在山下，来自中山大学的生态学博士黄霞等人，正在对附近的居民进行走访调查。跟十年前的资料比较研究后，他们发现，如果一个地区的长臂猿种群消失了，大家就会结合问卷来探讨，是不是当地居民的生产生活方式导致了长臂猿数量上的变化。

山上调查呈现结果，山下调查追根溯源。保护区巡护员与高校研究团队这两路人马各显神通，共同保护、拯救着这一日渐衰落的物种，让李白诗中“两岸猿声啼不住”的美丽景致永远地留在这片土地上。

请答题

西黑冠长臂猿晨间啼叫的主要原因是什么？

A. 族群成员间的沟通　B. 宣示领地　C. 求偶

嘉宾观点

小宇：我选 B。我觉得雄性一般会做两件事：宣示领地和求偶，但它不需要天天求偶，有的已经有伴侣了，却依然啼叫是因为它要宣示领地。

小张：我选 B。长臂猿是以族群的方式生活的，需要一定的生活空间。它每天清晨啼叫，是为了不让别的族群来它的地盘找麻烦。

安安：我选 A。长臂猿不可能每天都求偶，宣示领地也不太可能，一个种族之间是不可能互相宣示领地的。那么，只剩下A选项了。

张博士的科学小课堂

西黑冠长臂猿晨间啼叫，最主要的目的是领域防卫，也就是宣示领地。这样叫是为了告诉它的邻居，它的整个家庭的位置。一个西黑冠长臂猿家庭的活动范围可达 1.5~2 平方千米。

黑冠长臂猿是我国的濒危物种。在唐宋时期，长臂猿是生活在长江流域的。但是，后来长臂猿越来越少。现在我们能够看到的除了云南西黑冠长臂猿和天行长臂猿、海南长臂猿，还有广西靖西的东黑冠长臂猿。在我国的 6 种长臂猿中，北白颊长臂猿和白掌长臂猿已经灭绝。护林员通过长时间监测来确定长臂猿每一个族群的情况，这样才能为未来的保护提供有力支持。

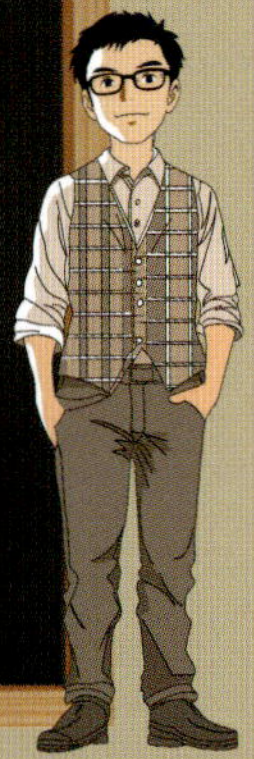

正确答案是 B。你答对了吗？

主持人：有句话叫“蚍蜉撼大树”，蚍蜉指的是体形较大的蚂蚁。那么，蚂蚁真的能够撼得动大树吗？不服来战——

和黄猄蚁的挑战赛

欢迎来到本年度大力士挑战赛的比赛现场。介绍一下我们今天的参赛选手吧——全国健美冠军张涛涛，他有着 13 年的健身经验、超乎常人的力量。不过，今天的另一位参赛选手也不容小觑，它是有着自然界“首席大力士”之称的蚂蚁，是蚂蚁中的力量之王——黄猄（jīng）蚁。

在第一轮挑战赛中，两位选手将托举自己体重 1/2 重的重物。经过称重，张涛涛的体重约为 100 千克，而黄猄蚁的体重约为 2 毫克。对于两位大力士来说，挑战自身体重一半的物体当然没有什么难度，能轻松举起啦！

接下来的挑战是将重量翻倍，两位选手将托举和自己身体同等重量的物体。张涛涛表示，对于非专业人士而言，托举 100

千克物体几乎是不可能完成的任务。只有专业的、经常训练的人才可以举得动。他没有吹牛，重物被举起来了！再来看看黄猄蚁，面对2毫克的重物，它用倒吊式的方法，非常轻松地完成了挑战！

比赛在胶着地进行着，张涛涛开始感到吃力了。接下来继续提升难度，举起自己体重两倍的物体！对张涛涛来说，200 千克已经超出他的极限，他平时训练最多只能举起 160 千克的重物，这次挑战失败也在情理之中。

接下来，只要黄猄蚁能举起 4 毫克重物，就算它胜出。但是，现场出现了一个意外状况，黄猄蚁用表情向我们表示，他要直接挑战 10 倍于体重的物体！对人类来说，这种事只有在武侠和魔幻电影里才有可能出现。黄猄蚁究竟是一时赌气，还是胸有成竹？什么？它用实际行动告诉我们，它确实能举起 10 倍于自身体重——也就是 20 毫克的重物！面对这样的结果，张涛涛输得心服口服。

比赛中完胜对手的黄猄蚁表示：自己还没有完全发挥实力，它要继续挑战 100 倍于自身体重的重量！它能挑战成功吗？

请判断

黄猄蚁能举起相当于自己体重100倍的重物。

A. 真的　B. 假的

黄猄蚁的巢一般建在阔叶乔木树上，它们生性勇猛好斗，一生都在不停地觅食、战斗、保卫家园、照顾家族成员。

黄猄蚁的食物一般是昆虫。和大多数蚂蚁为了吸食蜜露而养蚜虫一样，黄猄蚁会吸食角蝉排泄出的蜜汁。

嘉宾观点

小泽：我认为是真的。我见过蚂蚁搬死去的蜜蜂，蜜蜂的体重是蚂蚁的几十倍。既然黄猄蚁是大力士，那么它肯定可以挑战一下。

小宇：我认为是假的。都说它是大力士，但按正常昆虫的托举能力看，它也没那么神奇吧？

张博士的科学小课堂

黄猄蚁最终承受的重量不止200毫克，而是320毫克，相当于它体重的160倍。

我想说一说，它的力气到底是怎么来的？绝大多数生物都有呼吸作用，肌肉呼吸会产生大量的三磷酸腺苷，三磷酸腺苷就是能量物质，没有它就没有力气。蚂蚁有蚁酸，这种酸性物质很强，对于产生三磷酸腺苷有促进作用，而且它的能量相对封闭，非常高效，几乎没什么损耗。另外，它的大颚钳东西的能力很强。二者相结合，黄猄蚁就能够完美地举起重物了。

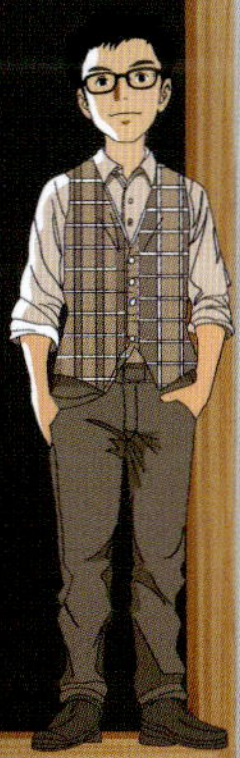

正确答案是A。你答对了吗？

主持人：你们吃过仙人球、仙人掌吗？什么？吃过削皮的？可我说的是，跟刺一起吃下去的那种。哈哈，开个玩笑，今天我们《动物生存大讲堂》节目的老师，就来给大家做吃的示范。

骆驼的仙人掌盛宴

大家好，我是今天《动物生存大讲堂》的主讲老师骆驼。我生长在大漠，眼望滚滚黄沙，双峰耸于肩背，是人类穿越沙漠的重要伙伴。

穿越沙漠最重要的是要有水，我要充分利用见到的植物来补充水分。要说沙漠中最常见的植物，那当然是仙人掌了。仙人掌是随处可见的“饮水机”，渴的时候吃上一株，嗯，清凉透爽、瞬间爆浆。

说了这么多，有点渴了。看，这里有一株仙人掌，我就先吃为敬了。嗯，真好吃。咦，这是什么眼神？吃仙人掌有什么奇怪的？哦，你是问仙人掌的刺啊？你也许好奇，仙人掌的刺又尖又细，扎在舌头上肯定特别疼，为什么我们骆驼敢吃呢？这个嘛，我得好好说一下。

我们嘴巴里有圆锥形的乳突结构，这些乳突已经部分角质化，非常坚韧，不仅能防止仙人掌上的尖刺划破口腔，还能帮助我们旋转和调整食物助其进入食道，把刺顺着喉咙吞下去。所以，我们连下咽刺也不会感到疼痛。

茫茫沙漠中不可能处处长有仙人掌，寻找可靠水源的难度对动物而言还是很大的。我们骆驼能通过嗅觉捕捉到 20 千米以外的水源，这是因为我们的嗅觉受体基因很强，我们的鼻腔黏膜面积超过 1000 平方厘米，在呼气时能回收超过 86% 的水分，也能更加敏感地察觉到水和绿色植物的存在。所以，你们穿越沙漠时找我陪伴，是绝对靠谱的呀！

骆驼分单峰骆驼和双峰骆驼两种，它们的平均寿命为 30~50 岁。骆驼的睫毛很长，鼻孔可以闭合，因此可以阻挡风沙的侵袭；它的脚掌厚实、宽大，不会陷进沙子里，也不怕被炙热的沙子烫伤；驼峰里存储着脂肪和能量，就算不吃不喝它们也可以存活十几天。

请答题

骆驼的消化系统不会被仙人掌的刺刺伤，原因是什么？

A. 食道黏液可以完全包裹住仙人掌的刺

B. 胃壁坚硬且不敏感

C. 强大的胃液配合反刍，可反复消化仙人掌

双峰驼只在亚洲的沙漠中才有，种群数较少。单峰驼分布在北非及亚洲西部和南部等地，驯化后多用于沙漠交通。

骆驼有 3 个胃室，可以反刍；它的腿也很特别，可以跪下休息。

嘉宾观点

小宇： 我选 A。骆驼能够把刺给顺下去，如果没有黏液包裹，反刍反而会不断地伤害到它自己。

小泽： 我选 C。骆驼有 3 个胃室，又是反刍动物，而仙人掌是有机物质构成的，很容易被胃酸消化掉。

张博士的科学小课堂

骆驼是反刍动物，胃液里有大量的、各种各样的细菌，包括单细胞的原生物纤毛虫等。当食物进肚以后，胃液会对其进行混合和搅拌，用细菌辅助发酵来消化这些粗纤维的食物，能够快速地分解掉仙人掌的刺。

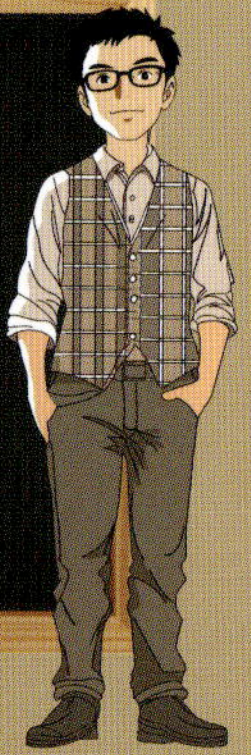

正确答案是 C。你答对了吗？

高黎贡羚牛

云南省高黎贡山国家级自然保护区被誉为“世界物种基因库”。巡护员李志刚在这里工作已经超过20年了，他经常能在这里看到一些珍稀的野生动物。春季，高黎贡羚牛从高海拔区域向低海拔区域迁徙。今天，李志刚将带我们一起去看看这群国家一级保护动物。

在一棵树附近，他发现了高黎贡羚牛蹭痒痒时留下的毛发，又发现了它们几天前的粪便和脚印。高黎贡羚牛主要分布于云南高黎贡山及西藏东南部的察隅、墨脱等地，雄性和雌性均有较短的角，角呈扭曲状，角似鹿、头如马、蹄如牛、尾似驴，其体形介于牛和羊之间，是一种大型牛科食草动物。高黎贡羚牛是一种大型集群动物，有舐盐的习性，会舔食岩盐、硝盐或喝盐水。因此，林中含盐较多的地方通常是高黎贡羚牛的集群点，盐对高黎贡羚牛的迁移具有一定的影响。

请判断

高黎贡羚牛的面部从小就是黑色的。

A. 真的　B. 假的

嘉宾观点

小　浩：

我认为是假的。我猜测它小时候可能是浅色，长大以后再变成黑色，这样会可爱一点嘛。

张博士的科学小课堂

为什么高黎贡羚牛的脸部从小就是黑色的？因为它生活在密林当中，黑色的好处，就是在斑驳的森林当中不容易被发现，所以它的脸从小就是黑的。

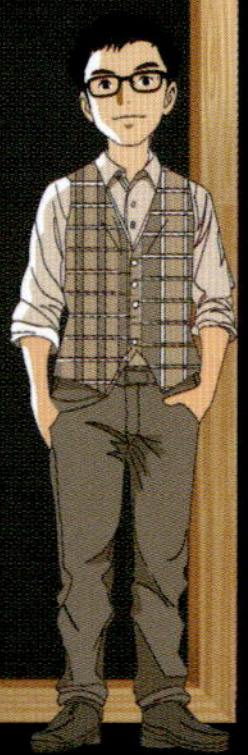

正确答案是 A。你答对了吗？

“白鹤食堂”鄱阳湖

白鹤在全球的数量不足 4000 只。每年，全球 98% 的白鹤都会来到江西鄱阳湖越冬。生态摄影师周海燕指着眼前的藕塘自豪地说：“这就是占地 1000 多亩的‘白鹤食堂’。这里是人们离白鹤最近的地方，里面的莲藕都是我们自己种的。”

十年来，周海燕一直在鄱阳湖区域拍摄候鸟，尤其是从西伯利亚来此越冬的白鹤。周海燕观察到，2008 年南方雪灾之后，鄱阳湖的夏汛和冬汛几乎是持续、交替着发生的。白鹤的食物苦草、马来眼子菜的冬芽急剧减少，白鹤在缺少食物的时候，就会飞到与鄱阳湖一坝之隔的藕塘里找食物。

2016 年，这里有 2000 亩藕塘，有超过 2200 只白鹤栖息。白鹤的造访给农民造成了不小的经济损失，到了 2017 年，农户开始改种水稻。全球超过半数的白鹤在此越冬，如果藕塘被改为稻田，失去食源的白鹤还能去哪儿呢？在政府大力保护生态的同时，摄影师们也奔走呼吁。经过多方协调，藕塘最终被保留了下来，这里还成立了国内首个政府支持、民间力量承办的白鹤保护

区：南昌五星白鹤保护区。

“白鹤在藕塘取食、养育白鹤宝宝都很方便。橙黄色的白鹤宝宝是几个月前在西伯利亚出生的。只要小鹤离鹤妈妈远了，鹤妈妈就会赶过来‘教训’它。每年冬天，我都会在这里守护它们、观察它们。现在，好多人都叫我‘白鹤妈妈’。”周海燕笑盈盈地说。

2019年夏天，俄罗斯举办了一场“大美鄱阳湖”生态摄影展，60幅白鹤照片带领人们近距离感受了白鹤的生活。大家都称周海燕为“西伯利亚鹤的中国妈妈”。

2019年，俄罗斯科学院邀请周海燕和北京林业大学“白鹤繁殖地致危因子调查”科考组一起，前往西伯利亚进行科学考察。一到西伯利亚，周海燕就被眼前的荒凉景象震撼住了。尽管是夏天，但湖面的冰都还没有融化，白鹤在这里繁殖，食物不是很丰富，气候条件非常恶劣。它们在这里也有天敌，银鸥和贼鸥经常会组团袭击繁殖期的白鹤。

有一次，周海燕在为一对被袭击的白鹤揪心，并不知道危险已经离她很近——对讲机中传来讯息，刚才有一只棕熊到她的帐篷前了，她的第一反应是后怕，接着又担心起白鹤一家的安全来。毕竟，白鹤一年只产两枚卵。果然，她们发现棕熊惊跑了白鹤，吃掉了两枚即将孵化成功的鹤卵。平均每个白鹤家庭能带回鄱阳湖的小鹤不到一只，只有保护好家门口的藕塘，才能让白鹤在鄱阳湖吃好、喝好。

2019年，白鹤被选为江西省的省鸟。我们希望能有更多的人关注、关心白鹤，也期盼更多白鹤都能来鄱阳湖做客。相信在这里，它们一定会度过一个快乐的寒假。

请答题

亚成体白鹤不主动寻找食物的主要原因是什么？

A. 啄食不熟练　B. 有父母照顾

C. 喙没有发育完全

嘉宾观点

小丽：我选 C。白鹤的嘴巴一般需要 1~2 年才会发育完全，在没有完全硬化的时候，嚼硬的东西会很困难。

小浩：我选 C。我看过小鸡刚孵出来的时候，喙是软的，要拿软喙去啄一块硬藕，喙都要啄弯了。

小泽：我选 A。节目中两只小鹤能在那抢藕，肯定是喙已经发育完全了，所以我认为是啄食不熟练造成的。

张博士的科学小课堂

视频中是初冬季节。亚成体白鹤的喙在出生当年的初冬尚没有发育完全，还比较软，所以自己寻找食物会比较困难。等到来年二三月份，它的喙就发育完全，可以自己寻找食物了。白鹤亚成体的生理结构、机能各方面还没有完全成熟，所以很多器官不能够正常“使用”。

白鹤是濒危的鸟类，属于极危级，2019 年被确定为江西省省鸟，这对唤醒人们对白鹤的保护意识起到了积极的作用。我们希望长江流域的所有野生动物都能像白鹤一样，拥有更加光明的未来。

正确答案是 C。你答对了吗？

主持人：接下来我们要为大家介绍的这种动物相当神秘、稀少——全世界只有中国有，全中国只有贵州有，全贵州只有梵净山有，数量也就 800 来只。什么动物这么珍贵呢？一起来看看。

“地球独生子”的秘密

黔东有名山，遗世而独立，这就是梵净山。梵净山是武陵山脉的主峰，也是地球同纬度上唯一保存完好的原始绿洲。黔金丝猴世世代代居住在这里，过着“丛林隐士”般的惬意生活。

黔金丝猴现在仅剩约 800 只，有“地球独生子”之称。它们不爱热闹，生性机警，只喜欢生活在这“天无三日晴、地无三尺平”的大山深处，人类难以发现它们的行踪。在山脚下的野生动物救护中心，生活着黔金丝猴一家，我们来听听猴宝宝是怎么说的吧！

往密林深处惬意生活的黔金丝猴

“大家好，我是2020年出生的黔金丝猴宝宝。从一出生开始，我就在这座野生动物救助中心生活了。我的爸爸妈妈都是被人类救助的。被人类发现时，我妈妈的腿已经断了，只能截肢。在这里，我还有一个阿姨和调皮的哥哥。

黔金丝猴肩膀、上臂和头顶有金色毛发，身体其他部位则是灰色的。

“看，我们黔金丝猴的毛色没有川金丝猴的亮，体形也更小些，但我们有着金丝猴界最长的尾巴，厉害吧？我特别爱用金丝猴的长尾巴荡秋千。

“我出生时，饲养员看到妈妈身上的脐带和胎盘没有脱落，很容易感染，就赶紧剪掉了。因为有20年的饲养经验，饲养员又照料妈妈多年，妈妈对他很信任，所以饲养员可以在妈妈刚生下我、最呵护我的时候接受他对我的照顾。

川金丝猴、滇金丝猴和黔金丝猴都是中国的特有物种。

“这几天，饲养员发现妈妈有些烦躁，原来啊，快三岁的哥哥到了青少年期，总和爸爸打闹，还老对着监控器玩自拍。对于焦虑的妈妈，饲养员是有绝招帮助她的。饲养员走了好远，到深山里采来一些新鲜的木姜叶。果然，妈妈吃了木姜叶，心情好多了。

“在饲养员的照顾下，我们一家过上了无忧无虑的生活。我也希望同胞们可以在梵净山的深处自在生活，世代繁衍。因为妈妈说，梵净山的深处是珍禽异兽和濒危动物的乌托邦。我希望我们的生活可以永远不被打扰。”

请答题

在野外，雄性黔金丝猴三岁以后会做什么？

A. 寻找配偶　B. 加入全雄性群体　C. 独自流浪

嘉宾观点

安安： 我选 B。灵长类动物都是群居的，自己独自生活风险大。

小玉： 我选 A。因为黔金丝猴三周岁可能就进入青春期了，我觉得它应该去寻找配偶了。

张博士的科学小课堂

在野外，雄性黔金丝猴三岁时会离开父母，到全雄性群体中生活；在救助站，饲养员会单独给它准备一个笼舍，它会在那里娶妻生子。

其实全雄性群体说白了就是一个“光棍群”，所有雄性在一起会比较安全，能够保证自己不被天敌捕食。到了一定阶段，由年轻进入壮年的这些雄性，会到一个家庭中去争夺猴王的位置。黔金丝猴分布范围极其狭小，但是物种居然还能生存下来，确实是大自然神奇的力量。

正确答案是 B。你答对了吗？

主持人：我们中国人跟大自然接触有很多种方式，也慢慢形成了习俗甚至是文化，比如养花鸟鱼虫。不过，养虫是图什么？最大的乐趣就是听虫鸣。如果在严冬，你还能听到虫鸣，那便会产生一种对自然的留恋，对春天的期盼……

蝈蝈和蟋蟀的唱歌“神器”

在自然界中，蝈蝈和蟋蟀是最知名的两大鸣虫。它们凭借各自的演奏绝活，驰骋乐坛多年，因歌声深入人心而收获了民间各路“虫粉”的喜爱。

蝈蝈

我们节目组邀请昆虫专家徐康老师，通过科技手段，探查了两大虫族的独门演奏秘籍，发现它们的奏乐方式竟同宗同源、如出一辙。

徐老师告诉我们，蝈蝈和蟋蟀的发声不像人和鸟，是靠嗓子，它们是靠翅的摩擦来发声的。它们的翅上有三个神器，一个叫音锉，是排成一列的小的齿状突起；另一个叫刮器，是翅上革翅化的翅边。音锉和刮器就像小提琴的弓和弦，通过互相摩擦来发声。还有一个是翅上的圆形亮点，像透明

蟋蟀

的镜膜，它就是发音镜，能起到共振作用，提高音量。蝈蝈和蟋蟀的发声原理基本是一致的。

虽然蝈蝈和蟋蟀发声的原理一致，但是面对蝈蝈一族常年居高不下的人气，自尊心极强的蟋蟀始终不服气。那么，究竟它们谁的歌声更嘹亮呢？不同鸣虫翅膀的质地、薄厚不同，发出的声音也不一样。虽然这两种昆虫的发声原理一致，但是蝈蝈的体形大，翅膀显然也比蟋蟀的翅膀大很多、厚很多。相比之下，蝈蝈的声音就比蟋蟀响亮多了。

请判断

只有雄性的蝈蝈和蟋蟀才会发出叫声。

A. 真的　B. 假的

嘉宾观点

小丽：我认为是真的。很多动物都是公的去追求母的，只有叫得响，才能显示它的实力强。

安安：我认为是真的。蚤斯科的这些雄性昆虫是通过发声来吸引雌性的。

张博士的科学小课堂

蝈蝈和蟋蟀都是只有雄虫才会发声，雌虫不会发声。蝈蝈和蟋蟀的雌虫翅膀较平整，没有音锉、刮器和发音镜，它们并不具备发声条件。

蝈蝈和蟋蟀是直翅目昆虫，基本上靠摩擦翅膀发声；而半翅目昆虫，像蝉发声就是用腹部。蝉有第一腹节和第二腹节，腹节那里有发声器，所以也能发声。

正确答案是A。你答对了吗？

救助海龟“三步走”

2020 年 10 月 15 日，一只受伤的小海龟被送到了海南师范大学海龟救助站。它的腹部有严重的磨损，来的时候眨眼反应迟钝，已是奄奄一息。

这只海龟是一位渔民在沙滩上发现的，它的身上缠了很多异物，四肢、背甲都被勒出了深深的伤痕，因为长时间得不到治疗，伤口已经溃烂。志愿者及时为其清理了溃烂的部分，还用红霉素进行消炎。经过治疗，小海龟为其的伤口愈合了，但脖颈上的伤痕依稀可见。

参与这次救助的志愿者中有一位叫张婷的学生，她在大学二年级时进入救助站，现在正攻读博士学位。她很想为保护海龟贡献自己的力量。

和张婷一样，这里的很多志愿者都是海南师范大学的师生。海南师范大学龟鳖研究与保护中心拥有目前国内唯一一支专门从事龟鳖动物研究的团队。师生们依托近海、交通便利的优势和自身的专业知识，于 2013 年成立海龟救助站，至今已经有 1000 多名志愿者加入。他们成功救助了近百只海

虽然人们会保护海岸，为海龟提供繁殖场所，但它们的种群数量依然不容乐观。

龟，放生了近 80 只。目前，救助站里还有 13 只海龟没有达到放生要求，志愿者们每天都在监测它们的健康状况。

志愿者在救助海龟的过程中，跟它们建立了深厚的感情。他们每天悉心照料站里的海龟，准备胡萝卜、大白菜这些海龟喜欢的食物。每次放归，志愿者们都会担心回归后的海龟会不会受到新的伤害。海洋渔业的发展、塑料污染以及产卵率的降低，使这一延续了上亿年繁荣的物种，不得不面临前所未有的生存威胁。

救助、恢复、放生是志愿者的“三步走”历程。希望志愿者的热忱能够感染更多的人，让他们加入到保护海龟的队伍中来。

请答题

给海龟采血最合适的采血部位在哪里？

A. 颈部　B. 四肢　C. 尾部

嘉宾观点

小丽： 我选 C。我曾经去海南采过海龟的血样，当时是龟尾采血，因为从尾巴采血对龟的伤害可能是最小的。

小张： 我选 A。我觉得应该从身体比较柔软的部位采血，这样比较容易出血。我以前养过小龟，觉得它的四肢和尾巴都比较硬，但脖子稍微软一点，好下针。

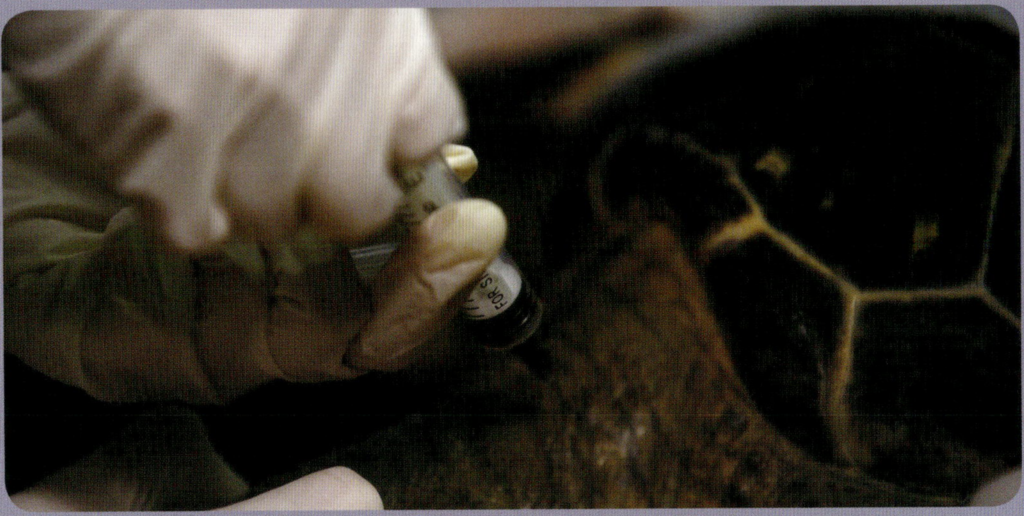

张博士的科学小课堂

为了知道海龟的身体状况，给它们采血化验是必不可少的一项工作。志愿者一般会选择海龟的颈部进行采血，这个部位不仅能够准确找到静脉血管，还能固定住海龟。

淡水龟有一个特点，无论是颈部、四肢还是尾巴，都不覆盖鳞片。但是海龟不一样，它的四肢、头、尾的表面覆盖了比较坚硬的鳞片，不好下针。各方面综合考虑下，我们一般还是在颈部采血。很多海洋动物并不是因为天敌太多而受伤或者死亡的，而是因为人类活动的影响，包括海洋污染、船只航行等。救助并不是把动物一直关着，而是有一天，当它的健康状况符合标准了，能够自食其力了，我们就把它重新放归野外。这是野生动物救助的最终目的。

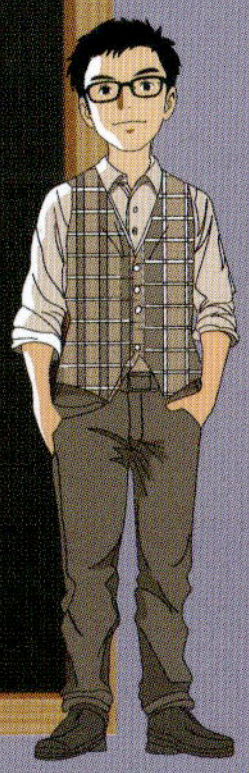

正确答案是 A。你答对了吗？

“无尾熊”的花式减肥

我们今天的主角是一只小熊猫，它的绰号叫“无尾熊”。为什么叫这个名字呢？并不是因为它没有尾巴，而是因为它从小尾巴上就没有毛。“无尾熊”还有一个特点，就是特别胖。它在动物园每天只做三件事：跟饲养员要吃的、抢别的动物吃的、睡觉等下一顿吃的。凭借着吃得多、爱睡觉、懒得动三大生活习惯，慢慢地，它就成了动物园里“最胖的崽”。拖着肥胖的身躯，走路走得慢、爬树爬不动，越胖越懒。这样下去该如何是好？

为了它的健康考虑，饲养员给“无尾熊”制订了一个减肥计划。

计划的第一招是：隐藏美食。饲养员将食物放置在高处或相对隐蔽处，希望“无尾熊”通过寻找食物来增加运动量，这种方式能成功吗？看，其他小熊猫都嗅到了食物的味道，纷纷出动。再看我们的主角“无尾熊”——唉，果然又在睡觉了。看来，隐藏食物给不了它减肥的动力。

计划的第二招：玩具加食物的诱惑。心灵手巧的饲养员为“无尾熊”搭建起玩具设施，看起来很像一些景区为人类的娱乐建造的“丛林穿越”，再放上美味食物，无尾熊会来尝试吗？是的，你没有看错，眼前倒挂着吃水果、身手矫健的这位，正是“无尾熊”的小伙伴。在下面呆呆观望的才是我们的“无尾熊”。它仔细看了看，还是觉

小熊猫栖息于喜马拉雅山山脉的温带深林中。

得太费劲了，不如直接去找饲养员姐姐要水果吃。

隐藏起来的美食没用，非常显眼的玩具也没用。面对又懒又贪吃的“无尾熊”，减肥计划还能推进下去吗？饲养员无可奈何，只能放出终极大招：追到我就有得吃！饲养员提着食物在前面跑，让小熊猫在后面追，追到了一定距离，就奖励喂食。虽然“无尾熊”经常跑不动，但看着追到饲养员的小伙伴可以享受美食，自己却只能饿肚子，它终于决定还是加把劲追一追。

可是，日子久了，没见“无尾熊”瘦下来，却眼瞅着饲养员日渐消瘦。减肥任重而道远，“无尾熊”，你还要继续加油啊。

请答题

成年小熊猫的标准体重是多少？

A.3 ~ 4 千克　B.5 ~ 6 千克　C.7 ~ 8 千克

嘉宾观点

小泽：我选A。成年小熊猫可能不会太胖，要是太胖的话就不可爱了。

小玉：我选 B。我觉得小熊猫跟我家的猫真的太像了，包括贪吃的样子，我就按照成年的猫的体重算了一下，正常也就是 5 千克左右。

张博士的科学小课堂

一般成年小熊猫的体重是 5 ~ 6 千克，野生小熊猫的体重是 3 ~ 6 千克。动物园的体重标准会放宽一点，是因为它们在动物园被照顾得比较好。动物饲养管理是一门科学，管理者需要营养学、动物医学、动物科学等各方面的专业知识，才能让这些珍贵的濒危动物更健康。

正确答案是 B。你答对了吗？

给禽鸟打针是怎样的体验

四川雅安碧峰峡野生动物园这几天特别热闹。原来，兽医们要分批对园内 23 种、1100 多只禽鸟进行大规模的疫苗接种工作。

据兽医陈泉介绍，每到冬季，天气寒冷，空气流动性差，禽鸟间特别容易发生大规模传染病。为了防患于未然，动物园每年都要给禽鸟逐一注射禽流感疫苗，以此来提高它们的免疫力。每年，他们都是先给其他禽鸟接种完，再考虑剩下的三个“老大难”。

首先是天鹅。它们是园区里有名的“吃货”，还特别喜欢与人亲近。对付它们，投其所好是最好的办法。在美食的诱惑下，一只只天鹅主动游过来，落入了兽医们的“魔掌”。每接种好一只，就将其放进围栏里。很快，14 只天鹅完成了疫苗接种。

接下来要打疫苗的是孔雀。给它们接种最简单，平时一吹口哨，它们就会集合过来吃饭。兽医可以准备一大块塑料布，围住集合的孔雀，再集中抓捕，为它们接种疫苗。行动开始！吹口哨、撒食物、围帆布都很顺利。最后一步却让兽医们傻眼了，孔雀东

孔雀

鹈鹕

南飞，帆布外徘徊。没办法，大家决定改用最原始的方法：徒手抓。经过一番斗智斗勇，130 只孔雀完成了疫苗接种。

最后打疫苗的是鹈鹕。给它们接种难度系数最大，因为鹈鹕体形大、飞行本领高、嘴上还长着容易伤人的倒钩。鉴于这次任务艰巨，管理员派出了园里的高手——小陈。他行走“禽鸟江湖”多年，凭借一手快、狠、准的“吹针神功”，让禽鸟们闻风丧胆。只见他举起长长的吹筒，瞄来瞄去，找到了最有把握的一只，用力一吹……不好意思，落空了。他尴尬地笑了笑：“刚才只是试试‘吹感’，下面要展现真正的技术啦！”“嗖！”小陈的每一针都精确地吹到了鹈鹕的翅膀上。12 只鹈鹕终于完成了疫苗接种。

为了保证禽鸟健康过冬，全国的饲养员都会对园里的禽鸟进行体检和打疫苗的工作。因为人们对禽鸟的健康十分重视，这些禽鸟才能在园区里自由自在地生活、快快乐乐地嬉戏。

请答题

给禽鸟打针时，预防它们应激反应最有效的方法是（　　）。

A. 降低环境噪声　B. 抚摸安抚　C. 蒙眼睛

嘉宾观点

小泽：我选 B。抚摸安抚能降低禽鸟的激烈反应。

小浩：我选 B。平时我把鸽子放在手里，抚摸几下，鸽子就会变得很安静。

安安：我选 B。我用的是排除法。先排除的是 C 选项，我在什么时候会害怕呢？你把我的眼睛蒙起来，我什么都不知道的情况下可能更害怕。再排除 A 选项，小动物的听觉都特别发达，如果周围环境很安静，它反而会更加警觉，对打针、抓捕的抵触反应更大。再用我家的猫来举例，我每次逮着它，给它剪指甲的时候，如果旁边有人摸摸它的小脑袋，它的情绪就会变得很稳定，不会刻意挣扎。

小宇：我选 A。如果降低环境噪声，它可能就会跟随这种环境安静下来。

张博士的科学小课堂

禽鸟和人类一样，受到意外惊吓和刺激后，会产生应激反应，导致不良的后果。给禽鸟打疫苗时，预防禽鸟应激反应最有效的方法是蒙住它们的眼睛，它们看不到，也就不那么紧张了。

其实，降低环境噪声、抚摸安抚、蒙眼睛都是可以让动物镇定下来的措施和方法，但为什么说蒙眼睛最有效呢？因为没有周围的视觉冲击，鸟的情绪会更稳定。当外界环境越复杂，它所接收的信息越乱、越多时，鸟就会高度紧张。对于鸟类而言，减少视觉上的刺激，蒙住眼睛，能让它快速安静下来。

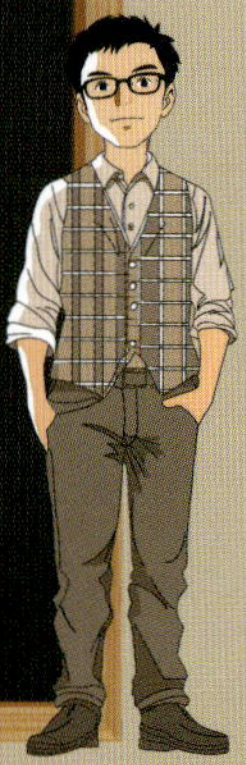

正确答案是 C。你答对了吗？

与海草缠绕在一起的豹纹鲨卵鞘

主持人：说到鲨鱼，你会用什么词来形容它？凶狠、尖牙，还是可怕？“有时候会很温柔。”——这句用来描述鲨鱼的话其实没有错。鲨鱼的种类很多，自然也有性格温顺的。来，下面我们来认识一头温柔的鲨鱼吧。

鲨界“一姐”的换装秀

大家好，我是今天《动物生存大讲堂》的老师——豹纹鲨。提起鲨鱼，大家想到的都是凶残。然而，在鲨鱼家族中也有着像鲨姐我这样既温柔又美丽的存在。本鲨姐性情十分温顺，不像我那些热衷捕食的堂兄弟姐妹，整天到处跑。我只喜欢趴在海底的泥沙里休息。我喜欢夜间出来捕食，到了白天就行动迟缓，昏昏欲睡。

虽然不爱运动，但是在时尚方面，鲨姐我还是很有发言权的。看我身上的豹纹斑点“大衣”，再加上修长的体形和几乎占体长一半的尾鳍，是不是显得魅力十足？这豹纹元素在人类世界里流行了近 70 年，从未被时尚界冷落过。不过，豹纹可不只是好看

刚出生时的豹纹鲨

而已，它在自然界中有很好的伪装作用，能够模糊身体的轮廓，帮助我捕到食物。据说，豹纹还有个专业名词，叫“破坏性着色”，是军用“迷彩服”的指导色。

豹纹斑点“大衣”是我的生存利器，但我并不是一生下来就穿着这身衣服。刚出生时，我穿的是黑白条纹的“衣服”，那时的我可不像豹纹鲨，人们管我叫“斑马纹鲨”！到6个月大的时候，我才换了身“衣服”，斑马纹变成了斑点状。直到我完全成年，才有了和妈妈一样的豹纹。

就像灰姑娘一样，每一位“小公主”都有一段曲折的童年故事，但是别灰心，要相信美好的未来总能与你不期而遇。好了，我的故事就分享到这儿了。

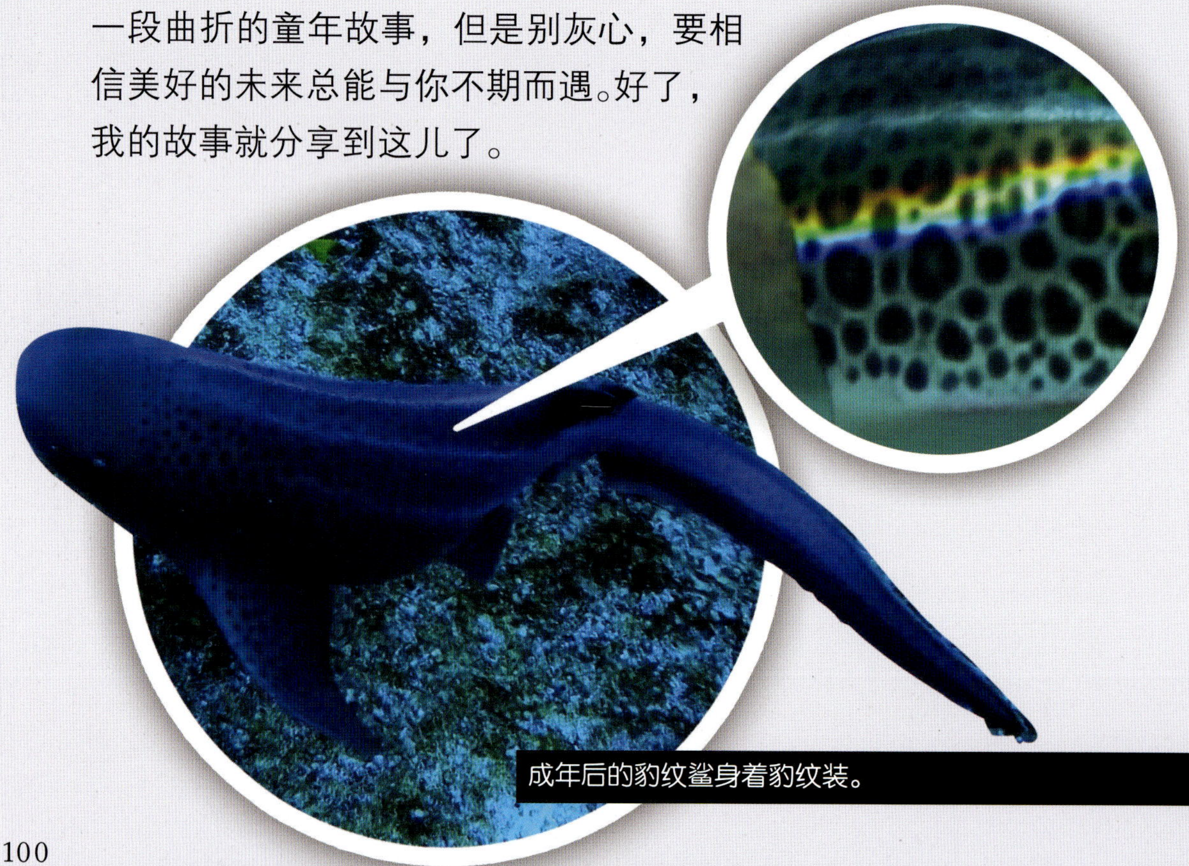

成年后的豹纹鲨身着豹纹装。

请答题

豹纹鲨会把卵产在哪里？

A. 珊瑚礁缝隙中　B. 沙子下面　C. 海藻上面

嘉宾观点

小玉：我选 A。海洋里的动物产卵肯定希望安全第一，像沙子和海藻，海水一冲或者有鱼经过时，就很容易被带跑。

小张：我选 A。小鲨鱼出生时，它的卵鞘看上去是深色、带点花纹的。如果是产在珊瑚礁的缝隙中，这可能会是一种保护色。

小宇：我选 B。我曾在图书中看过对护士鲨的介绍。书里说，它们把卵产在了沙子下面，豹纹鲨也会这样做。

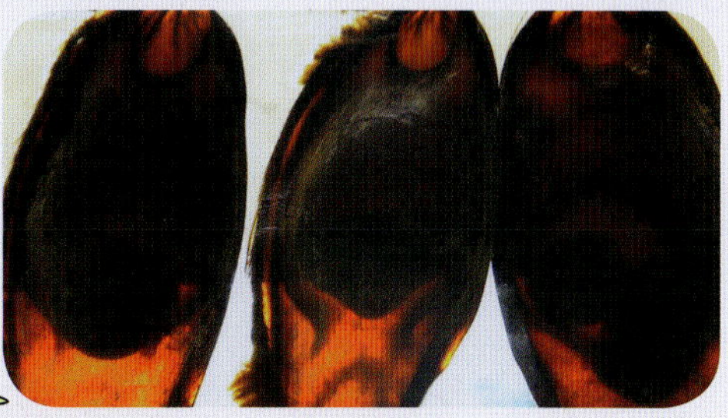

张博士的科学小课堂

豹纹鲨是卵生鲨鱼，鲨鱼卵有厚厚的卵鞘。当卵产出的时候，卵鞘会缠绕在海藻上面，这样可以防止卵被海水冲走，同时还能躲避捕食者。

鲨鱼的繁殖方式一般有三种，卵生、卵胎生和胎生。卵胎生是卵在鲨鱼妈妈的腹腔内孵化成小鲨鱼后再生出来的。卵生的豹纹鲨，卵鞘能对其起到很好的保护作用。卵鞘的外壳比较坚硬，可以保护小鲨鱼；卵鞘的尖端上方有很多丝状物，就像绳子一样会缠绕在海藻的叶子上，固定住。这种出生方式既能保护其鱼卵不被吃掉，又能隐蔽起来，还能防止鱼卵漂走，真是一举多得。

正确答案是 C。你答对了吗？

主持人：冬至时节有一种说法，叫“二候麋角解”，意思是，到了冬至前后，麋鹿的角就会脱落。这到底是科学还是迷信？让我们跟随北京南海子麋鹿苑的郭耕老师一起去看一看。

麋鹿冬至落角的秘密

北京南海子麋鹿苑的郭耕老师认为，古人对冬至的物候特征描述得非常科学：“一候蚯蚓结，二候麋角解，三候水泉动。”明代著名医药学家李时珍对“麋角解”这个现象描述得更清楚：“麋喜沼而属阴，冬至解角。”到了冬至这天，麋鹿的角真的会掉下来吗？我们去看一下吧。

一只“独角兽”

鹿角的脱落时间各不相同

今天就是冬至，麋鹿苑里大多数麋鹿的角确实都掉下来了。咦，为什么有一只麋鹿还顶着一对角？郭耕老师告诉我们，有的麋鹿的角掉得会比较晚，因为它们的角比较小，有的甚至处于小角尖的状态，要再过一两个月以后才掉落。

咦，这里还有一只“独角兽”，为什么不是两只角一起掉呢？原来，这是一种正常的现象。公鹿落角，通常是一只角先脱落，另一只角不久后再脱落。

没掉角的麋鹿

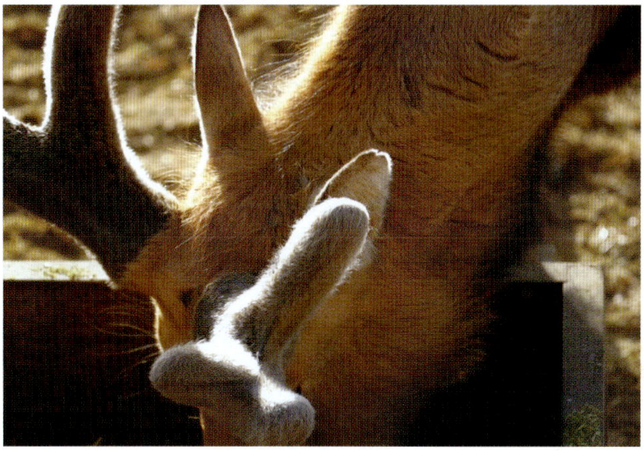

萌出鹿茸

我们观察到，有的麋鹿的双角已经脱落了，鹿角断掉的位置还带有血迹，它会疼吗？郭耕老师告诉我们，鹿角脱落后，鹿角盘会疼好几天，伤口在慢慢愈合，颜色变深，之后就要开始长鹿茸了。

现在是冬至，为什么有些麋鹿的鹿茸已经长得很大了？原来这是因为落角的都是大公鹿，“抢先”长出鹿茸其实是为了抢占先机，等到来年母鹿发情时，鹿茸大的公鹿就能先一步当上鹿王。所以在冬至这一天，我们一共看到了 4 种情况：鹿角掉了的、鹿角没掉的、鹿角掉一半的、鹿茸长大了的。但大多数麋鹿是像古人说的那样，在冬至前后脱落鹿角，也是从此时开始陆续长出新茸。一个月，鹿茸就能长到我们的手指那么长；两到三个月，鹿茸就能长到我们的小臂那么长；到五六个月的时候，鹿茸就生长完毕，骨化之后便成了坚硬的鹿角。这就是公鹿们的新武器，用于每年的“鹿王争霸赛”。

请答题

长出鹿茸的麋鹿之间如果发生争斗，会用什么方式来攻击对方？

A. 用鹿茸顶撞　B. 用前肢蹬踹　C. 用身体撞击

嘉宾观点

安安： 我选 C。鹿茸刚长出来肯定很脆弱，万一顶断了怎么办？

小宇： 我选 C。用前肢蹬踹，一方面攻击力不够强，另一方面不太能够保持身体平衡。

小玉： 我选 B。麋鹿奔跑起来飞快，所以前肢应该会更有力。

小泽： 我选 C。麋鹿最有力的且面积最大的应该是它的身体，可以把对方挤倒。

张博士的科学小课堂

长茸期间的公鹿之间偶尔会有一些争斗，但由于新长出来的鹿茸十分脆弱，且有知觉、有痛觉，所以双方都不会贸然用于撞击，而是采用后腿支撑前腿蹬踹的方式进行攻击。

大自然把一切安排得特别好，比如鹿角什么时候该长，该什么时候掉落。鹿角长在头上实在太沉了，对麋鹿来说是一种负担，等它交配、繁殖结束了，鹿角其实已经没什么用处了，这时大自然就安排让鹿角掉下来，让麋鹿缓一段时间，来年再长鹿角。

古人非常善于观察、总结各种自然现象。你也可以尝试做一个有心人，去发现周围生命的美好。

正确答案是 B。你答对了吗？

主持人：我们的特别节目《美丽山水行》，每次都会带大家去一个美丽的地方，探寻一种美丽的生灵。当然，沿途看到的美景和发生的故事也会一一分享给各位。今天我们要去的是哪儿呢？要拜访的是哪一位动物朋友呢？一起出发看看吧！

小渔村里的大学问

我们要去的江苏省连云港市是一个非常美丽的城市。在这里，山海港城连成一片，因面向连岛，背倚云台山，因此得名连云港。连云港市的海洋总面积占整个城市面积的1/4以上，靠山吃山，靠海吃海。这里的居民世世代代靠出海打鱼为生。现在，连云港市的连岛有1/3以上的居民都在从事和渔业相关的工作。

在连云港的西连岛村，每年的九月中旬到来年的四月底是开海季。接下来我们就跟随当地的渔民出海看看，这次能够收获些什么呢？

渔民们将 10 米长的渔网抛入海中，1 小时后收网，揭晓答案。我们到访的这个渔场叫海州湾渔场，集养殖捕捞于一体，生态资源丰富。

渔民捕获的皮皮虾

面条鱼

赤甲红

海边的辣螺

海上矗立着一排排紫菜筏架，它又是一处天然鱼礁，拉网的船无法驶入，鱼虾在这里繁殖，形成一个海上生态系统。为了保证海洋生物的生生不息，渔民们转换思路，采取了补养结合的方式，这不仅大大提高了他们的生活水平，也保障了海洋的生态环境。

经过 1 个多小时的航行，我们终于要收网了。章鱼、皮皮虾、螃蟹、面条鱼，收获可真不少！我们知道，章鱼是海洋里的“变色伪装大师”，据说它会根据身处的环境来改变自己身体的颜色。我们立即做了一个测试：准备黑白两种颜色的盆，把两只章鱼一只放入黑石头盆，一只放入白

石头盆。10 分钟后，我们将章鱼捞出来看了一下，两只章鱼体色有了明显的区别，但还不够明显。我们将它们放入盆中继续实验，到了晚上，两只章鱼都有了明显变色，你瞧，章鱼不愧是海洋里的“变色伪装大师”吧！

看到渔民每日出海打鱼，收获满满，我们不免也有这样的担心：开海季从九月中旬到来年四月底，海洋生物会被人类捕捞殆尽吗？渔民们告诉我们，我国不仅有休渔的政策，还组织了增殖放流活动。每年国家都会花费大量资金购买蚬苗、虾苗投入海洋，因为只有海洋物种生生不息，才能造福人类，让人类在享有大自然馈赠的同时，与海洋和自然和谐共处。

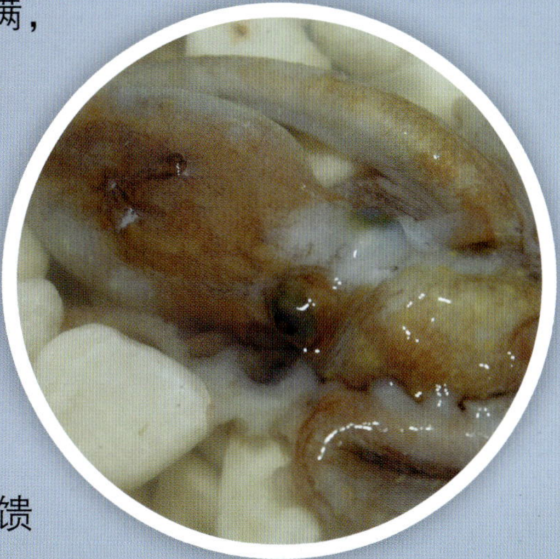

请答题

增殖放流的最佳时期是什么时候？

A. 开渔期　B. 禁渔期　C. 开渔期和禁渔期

嘉宾观点

安安：我选 C。开渔期时，应该要适当放一点鱼苗，人们边抓鱼，鱼儿边长大。

小泽：我选 B。金秋时节，听说吃海鲜特别适合，那时候海鲜肥美，我从这个角度想，觉得应该在禁渔期放流。

原来如此

渔民一般是在八月份，也就是禁渔期投放鱼苗，等到了下一个开渔期再去捕获。这样从鱼苗到成鱼，完成成长的一个周期。

正确答案是 B。你答对了吗？

让游隼重回蓝天的怀抱

红腹锦鸡

连云港市的海洋资源十分丰富，大量鱼虾是鸟类的美食。每到迁徙季节，数百万只候鸟从连云港市迁徙过境。这么多鸟经停，免不了会有受伤、掉队的，所以 2017 年，连云港野生动物救护中心在小岛上建立起来了。这里依山傍水，特别适宜鸟类休养。五年来，龚站长和伙伴们共同救助了上万只鸟儿，让许多受伤的鸟儿重回蓝天，自由翱翔。今天，我们就和龚站长一起去看看在这儿休养的鸟类朋友。

我们准备了稻谷、玉米粒、油菜籽，装了满满一大桶，差不多是 20 只鸟的饭量。龚站长介绍，野外的鸟可没那么多食物可以吃，因为咱们这儿都是受伤的鸟，所以要多喂些吃的，希望它们可以尽快康复起来。

我们来到饲养区，透过观察孔，发现了一只红腹锦鸡。站长笑着提醒动物观察员，如果穿他这样鲜红色的衣服进入饲养区，这些鸟类会变得异常警觉。没法子，动物观察员只好乖乖地靠边站着观察了。一只鸿雁正在红腹锦鸡身边悠闲地散步，站长说，鸿雁可以驱赶黄鼠狼，有了它当保镖，其他鸟儿可就安全多啦！

我们跟着站长一边学习鸟类知识一边逛，这不，他又发现了一只普通鵟（kuáng）。“这只普通鵟在抓捕猎物的时候折断了爪子。”虽然站长喂养它已经 3 年了，但是见到人类，它仍然会扑棱着翅膀，保持戒备。“它保持着野性，有强烈的求生欲望，”站长语重心长地说，“这体现了我们救助鸟类的一种理念：就算有些鸟无法重回蓝天，我们也要为它们保留尊严。”

这些被救助的鸟类都是龚站长的心头宝。由于他倾注心血爱护它们，再加上科学的救助方法，使得救助站中成功放飞的鸟类达救助总数的 95%。

接下来，动物观察员和龚站长来到了饲养游隼（sǔn）的棚舍。这里的一只游隼在捕猎时撞伤了头部，被送到了救助站，现在它已经康复。龚站长用网网住了游隼，又用毛巾将它的身体包裹起来，以便安抚它激动的情绪。少顷，龚站长开始仔细查看它的翅膀、上下喙等身体部位。确认符合放飞条件后，龚站长抱着游隼，来到了一处有缓坡的小山上。前方空间开阔，放飞条件适合。游隼被站长轻放在平缓的地面上，慢慢揭去毛巾，只见它用爪蹬地助飞，头也不回地向着蓝天振翅远去。这是 2021 年站长成功放归的第 150 只鸟儿。我们希望它在未来的生活中顺利、健康。祝它好运！

普通鵟是一种中型猛禽。

请答题

被救助的鸟儿为什么要尽量在15天内放归自然呢？

A. 避免和人类产生感情　B. 避免脚垫变小

C. 避免产生更强烈的应激反应

嘉宾观点

小丽：我选A。因为人类会给被救助的鸟喂食或疗伤，鸟会对人产生依赖。

原来如此

龚站长：我们节目中介绍的那只游隼到救助站后大约待了10天，符合条件就放飞了。一般达到放归条件的鸟，我们不会让它待在救助站超过15天。因为在救助站待的时间过长，鸟类会对人产生依恋，一旦产生感情，放飞后容易对鸟造成二次伤害，还是尽量缩短时间比较好。

正确答案是A。你答对了吗？

长知识啦

普通鵟栖息在山地森林和林缘地带，在平原、荒漠、旷野、村庄上空翱翔，也在树枝、电线杆、山坡等高处观察和等待猎物，待猎物出现后快速俯冲而下，用利爪进行抓捕。

普通鵟主要以森林鼠类为食，蛙、蜥蜴、蛇、野兔、小鸟和大型昆虫也是它的食物。

游隼在猛禽中虽然体形不大，却是名副其实的捕猎高手。它的食谱范围很广——小到昆虫、大到小型哺乳动物。

发现猎物时，游隼先飞至高空，占领制高点并观察周围的状况，然后瞄准目标、收紧双翅、缩起脑袋，以每秒75~100米的速度垂直俯冲而下。接近猎物时，它会利用从天而降的冲击力击打猎物，或用锋利如剑的脚爪攫住猎物，令猎物受伤或毙命。

战斗机的飞行员在进行俯冲时，要承受9倍于自身的重力；而游隼在俯冲时，身体会承受25倍于自身的重力。救助站救助的那只亚成体游隼就是撞伤的。

主持人：离连岛大概 12 海里处，有一座小岛叫秦山岛。虽然面积只有 0.17 平方千米，但是它名气非常大，因为岛上有一条“神路”。怎么敢称“神路”呢？一起领略一下吧。

“神路”上的赶海之旅

涨潮时，这里是一片茫茫大海，只有孤独矗立的灯塔见证了海的拥抱。等海水退潮后，这条蜿蜒的“神路”才显现出来。嘘——别出声，静静地听一听，“神路”的礁石上密密麻麻地分布着许多藤壶。它们咕嘟咕嘟，发出宣示自己领地一般的声音。

赤甲红

在内陆长大从来没有赶海经验的动物观察员找来了当地的向导。虽是“菜鸟”，但装备可一样不能少，带上赶海“五件套”，沿着“神路”寻找宝藏，动物观察员还真捡到了一只小辣螺。至于我们的向导，他袋子里的水产品可就丰富多啦！这

岩石缝隙中的辣螺

花盖蟹

不，两人刚走到一起，就发现附近水坑里举着一对大钳子的赤甲红（螃蟹）了，再翻开一块大石头，底部的辣螺密密麻麻地排列着，像是等待我们的检阅呢。

早在明代，李时珍就曾说，海中之人多寿。这可能和它们不贪图自然的馈赠、知足常乐的性格有关。海边还流传这样一句话——只要不是特别懒的人，都不会饿死。随着潮涨潮落而来的海货滋养了一代又一代海边人，而捉大放小也成为海边人世世代代遵循的赶海规矩。

瞧，一只大花盖蟹藏在泥淖里，泥水附着在壳上，将它伪装了起来，不过，它还是被经验十足的向导发现啦！夹起花盖蟹，装进水桶，你可别以为赶海就只是在海边捡一捡海货，接下来，向导要带我们去浅海区钓螃蟹！

用一根竹竿绑上有些发臭的两块大鸡腿，动物观察员被臭味熏得直捂鼻子，可向导却自信满满：“螃蟹最喜欢吃腐肉了。”只见向导把鸡腿慢慢放进海水里，没过一会儿就吸引来一群螃蟹，它们密密麻麻地扒在鸡腿上。收竿！

收获了这么多螃蟹，开心之余，动物观察员有些疑惑：“刚才我们走了那么远，才找到几只螃蟹，为什么不早点来这里海钓呀？”“刚才是退潮期，螃蟹比较难钓，现在开始涨潮了，才是海钓的最佳时期呀！”向导笑眯眯地回答。

原来，海边的居民掌握了赶海的时间规律，选择捡螃蟹还是钓螃蟹，完全取决于潮汐的涨落时间。这便是海边人民的赶海智慧呀。

请答题

潮汐现象的形成和以下哪个现象无关？

A. 太阳的引力　B. 月亮的引力　C. 地球的自转

嘉宾观点

小泽：我选C。看潮汐二字，去掉三点水旁之后，分别是朝和夕。朝是早上，太阳升起来的时候；夕是日落，月亮升起来的时候，所以应该和太阳、月亮有关。

原来如此

由于日月引潮力的作用，地球的岩石圈、水圈和大气圈中分别产生的周期性的运动和变化，总称为潮汐，潮汐是在月亮和太阳共同的引力作用下形成的海水周期性涨落现象。

正确答案是C。你答对了吗？

主持人： 接下来我们去看一看花果山的猕猴到底有没有齐天大圣的风范。

猕猴之王的烦恼

云台山是江苏省海拔最高的山，它是一座海中山，因为常年云气缭绕而得名。这里自古就是文人墨客的游览胜地。《西游记》的作者吴承恩据说是江苏淮安人。相传，他来云台山游玩时，看到这里生活着许多野生猕猴，有山有海，山上怪石林立，才有了创作《西游记》的灵感。《西游记》成为妇孺皆知的经典著作，而云台山中的一座山就被人们改名为花果山了。

云台山景区的陈广超是一位护猴员，我们跟随他一起，钻过山泉淙淙、一泻而下的水帘洞，来到洞后方的猕猴生活区。孙悟空的创作原型就是野生猕猴，这些猕猴脾气火暴、性格好斗，活脱脱的“大圣”气派。猕猴的适应性非常强，栖息地广泛，草原、沼泽、森林中都可以寻觅到它们的身影。它们是中国最常见的一种猴，因为分布地广泛和接地气，再加上行为、表情、相貌、生理特点等和人类较为接近，所以中国人自古就非常喜爱猕猴。这些精灵古怪的小动物以家族聚集的方式生活。我们见到的这群猕猴，家族成员就达到 100 多只，分为 3 个族群，不同的家庭和帮派之间常常会打架。原来，猴群有严格的等级制度，猴王享有至高无上的权力。一般这个角色，由群体中身体健壮、战斗能力强的雄猴担当。成员间相互交流时，会发出各种声音，梳毛就是它们重要的社交活动。瞧，陈广超正说着，一只猴王傲慢地撅着红屁股，大摇大摆地走了过来。众猴见大王驾到，立刻肃静、回避，这威风凛凛的猴王还真有那么一种王者气势呢！

猴群中威风凛凛的猴王

花果山打闹嬉戏的小猴

请答题

被打败的猴王会何去何从呢？

A. 独自生活　B. 加入其他猴群

C. 在原来的猴群低调生活

嘉宾观点

小泽： 我选 C。我觉得 A 肯定不对，因为猴子在自然环境里生活，最低需求是活下去。猴子没有一些猛兽那样强大的生存能力和攻击能力，融入其他猴群又太难了，所以只能在原有的族群里低调生活了。

原来如此

在猴群离开以后，一只雄猴走了出来，找寻地上其他猴子吃剩的“冷饭”。这只落单的猴子正是前不久被现任猴王打败的“前猴王”。被打败以后，它离群索居，虽然我们不用担心它独居时的吃喝问题，但眼下少了许多社交活动，它显得十分孤单。那么，“前猴王”是不是就从此一蹶不振了呢？动物观察员试探性地想捅一下前猴王的肚子，却招来它的强烈反击。哎呀，咱还是别招惹它好了，通过亲自体验，动物观察员见证了“前猴王”的实力仍然不容小觑——脾气火暴呀！

正确答案是 A。你答对了吗？

主持人：本期节目我将带大家到四川阿坝藏族羌族自治州的九寨沟，去探寻那里的美丽生灵。大自然的鬼斧神工造就了九寨沟的迷人景色，但大自然也有它无情的一面——2017 年的一场大地震，将这里变得满目疮痍。现在，九寨沟昔日的美景又呈现在我们的面前。不仅如此，这里还吸引了一些神秘客人，我们一起来看看吧！

九寨沟的水乐章

明媚的阳光下，九寨沟的诺日朗瀑布飞珠溅玉，以热情、磅礴的气势奔腾流淌。在九寨沟这片神奇的土地上，分布着大小湖泊 114 个。许多大熊猫常年生活在此，它们会倾听和享受大自然中的水乐章——海子的静谧，滩流的低吟浅唱……这里的水是灵动的，它们都有着自己的故事，会发出悦耳的声音。不过最近，平静的水面常被一位神秘来客打破，到底是谁在和我们捉迷藏呢？别急，找到肖老师，这些问题就会迎刃而解！

肖老师是九寨沟国家级自然保护区管理局的高级工程师，长期在九寨沟从事水环境研究和野生动物保护工作。带好单反相机，

九寨沟火花海的景色如童话世界一般。（供图 / 视觉中国）

今天我们就跟肖老师一起，来会会这位神秘的朋友。

“噗噜——”“咔嚓——”我们的快门捕捉到了影像。哇，打破湖面平静的，原来是水獭。白天在湛蓝湖面上游泳的水獭，以前可是比较少见的哟！当地保护人员介绍，2017 年九寨沟地震前，只有在极少数情况下，人们才能看到水獭和它们遗留的粪便。那么，地震后水獭频繁出现，是怎么回事呢？

肖老师告诉我们，2017 年九寨沟发生了 7.0 级地震，地震使火花海出现了“崩堤”，由原来的翠海演变成了一条河道。通过工作人员三年来的科学重建，火花海“补妆”归来。

“对火花海进行坝体检测时，我们有好几次发现水獭在这里畅游嬉戏。它们的存在表明，这里的水体生态系统完整而丰富，我们对火花海的修复是成功的！”肖老师的喜悦之情溢于言表。

九寨沟的欧亚水獭分布很广泛，因为这里有适合水獭栖息的环境，有大量的食物来源，比如鱼类、两栖类。科研人员通过对它们粪便的观察，能随时了解它们的健康状况；架设在野外的远红外线相机，又能将它们的活动影像记录下来。作为淡水生态系

欧亚水獭主要吃鱼类，喜欢干净的水。

统中的顶级捕食者，水獭对九寨沟生态功能有着不可替代的调节作用。

我们希望可爱的水獭宝贝，可以在这里长久地安家落户，过上幸福的生活。

请答题

水獭在九寨沟主要的生活区域在哪里？

A. 河道两侧的石头滩　　B. 湖泊中的树干周围

C. 瀑布下方的洞穴

嘉宾观点

小宇：我选 C。科学家可能会为水獭准备洞穴，供它们使用。除此之外，为了实现住房自由，水獭也会为自己营造居所。瀑布下面十分安全，正适合居住。

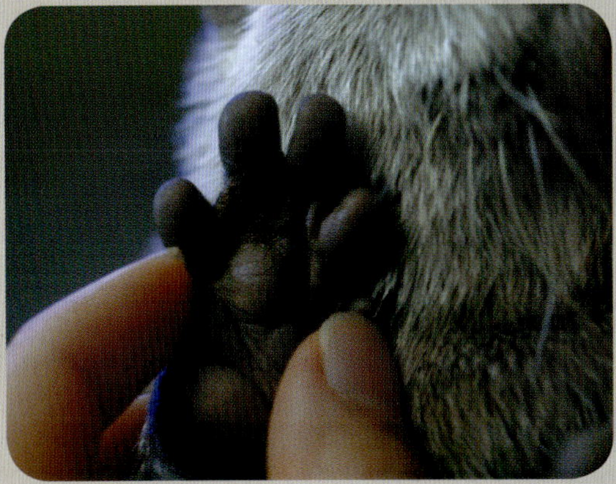

小泽：我选 B。换位思考一下，假如我是一只水獭，我愿意选择湖泊中的树干周围作为居住地。石头滩硌得不行，还有天敌；暴晒后的石头滚烫，也不适合活动。我没选瀑布下的原因是，水獭要生存，总不能躲在下面“修炼”吧？

小玉：我选 A。远红外线相机拍摄最多的地方正是石头滩。河道两侧因为有水源，水獭是很喜欢的。

原来如此

水獭在九寨沟的主要活动区域是湖泊中的树干周围。在瀑布下方，水獭的食物较少，它们一般不会去那里活动。

正确答案是 B。你答对了吗？

主持人：这一次，我们来到九寨沟的白河国家级自然保护区。眼瞅着要入冬了，我们来拜访一下那里的川金丝猴吧！

给金丝猴称体重有多难

白河国家级自然保护区是我国野生川金丝猴种群最大的保护区，也是川金丝猴的聚居地，生活着 1700 多只野生川金丝猴。今天，我们跟随巡护员唐叔的脚步，一起去探寻大山深处的“小精灵”。

川金丝猴喜欢在哪棵树上寻找食物，冬季和夏季分别喜欢在哪里逗留，这些信息唐叔可都是了如指掌。

要想看到野生川金丝猴，不经历一番辛苦可是别想实现的。我们在乱石嶙峋的山路上行进，步履维艰，可唐叔脚下生风、如履平地。“我们巡护员都是这样锻炼出来的！”唐叔憨厚地笑着说。

川金丝猴的面部呈浅蓝色，鼻孔上仰、毛色艳丽，是仰鼻猴界的“颜值天花板”。

唐叔从事巡护员工作已经 26 年了。他告诉我们，这个保护区的面积大约是 1.6 万平方千米，他的双脚踏遍了整个保护区。从朝气蓬勃的年轻人到经验丰富的老巡护人，他的工作是很辛苦的。沿途我们翻山越岭、渡水蹚河，终于见到了大山深处的小精灵。瞧，林子里，几只 2021 年刚出生的小猴正用好奇的眼神打量着我们这些到访者。唐叔说，这个猴群大约有 130 个成员。

我们掩饰不住激动的心情往前走，遇到了进山考察的科研人员。听唐叔说，给猴子称重可是保护工作中的一项重要任务。体重数据可以反映出不同季节金丝猴的营养状态，同性别金丝猴之间体重的差异也可以反映出哪些是“贪吃猴”，哪些不是。

科研人员一天大约可以为 20 只金丝猴称重。听到这个数字，我们有些惊讶：这相当于一个学生花费一堂课的时间学习——称重一只猴啊，有那么难吗？这不，我们来了个现场体验：为了吸引金丝猴站到电子秤上，我们准备了香喷喷的花生米。不试不知道，称重难度相当大！它们的手臂很长，不用上秤就能够着花生米，然后直接塞嘴里了。

动物观察员不信，还想再试。秤前方来了一只体形壮硕的大公猴，动物观察员故意不让它够着花生米，保持一定的距离想引诱它上秤。可正逗着它，秤后的另一只猴得了便宜，轻而易举地吃到了我们送到嘴边的美食。逗了半天，咱这花生米倒是贡献了不少，可一只猴也没站上电子秤。这哪里是逗猴子，这分明是被猴逗啊！

一招失利我们又出一招。动物观察员问科研人员，我们能不能学学金丝猴的叫声，与猴对话，让它上秤呢？没想到，这个提议得到了认可："我们可以发出'咦——'的声音试一下。"

大家"咦"声阵阵，此起彼伏，弄得金丝猴受不了了——这是什么操作啊，也吃差不多了，咱还是撤了吧！

经历几次失败，大家都有些灰心。正在这时，又有一只金丝猴走了过来。旁边没有其他猴，花生又被我们拿得很远。终于，它按捺不住美食的诱惑，上秤啦——3.6 千克，我们圆满完成了

1 只猴的称重任务！

接下来，我们又花了 2 小时的时间，称了 3 只猴子，称重工作进展很慢。花生米它们是没少吃，可要达到 20 只的测量目标，我们的任务还很艰巨。

科研人员宽慰动物观察员：“称体重难度确实很大，不可能将猴群的全体成员称完，我们会抽一部分，得出数据。通常一只 1~3 岁大的猴，正常体重是 2~4 千克。我们收集这些数据，和以往的数据作比对，这样可以了解到川金丝猴是否健康。”

徒步上山 4 小时，称重耗费 3 小时，年复一年。每一次出发都是为了这些大山深处的“小精灵”，每一次称重都是为了它们能更健康快乐地生活。这就是巡护员，一群可敬可爱的人。

请答题

川金丝猴的体重巅峰出现在哪个季节？

A. 夏季　B. 秋季　C. 冬季

嘉宾观点

安安：我选 C。我觉得夏季食物挺多，秋季果子也多。这么一直吃、吃、吃，到了冬季，它们会存储很多脂肪。

小泽：我选 B。冬天没什么食物，它会饿瘦下去。我觉得“贴秋膘”这个俗语正好说明它秋季膘肥体壮正当时。

原来如此

为了能更好地度过冬天，从秋天开始，川金丝猴就会和人类一样“贴秋膘”，以此来获取热量。冬季它们会抱团取暖，依靠睡觉减少能量的消耗，度过漫长的冬天。一只成年雄性川金丝猴，冬季体重会下降 2~4 千克。因此，秋天是川金丝猴体重的巅峰。

正确答案是 B。你答对了吗？

主持人：喜欢古生物的人一定知道南京地质古生物研究所。该研究所有很多科研成果，其中，贵州瓮安生物群的发现影响巨大。下面，我们一起去贵州看一看。

透过沙砾探寻动物的起源

殷宗军是中国科学院南京地质古生物研究所的研究员，一直致力于揭开化石背后隐藏的动物演化历史。此时，他正在拆世界上最古老的“盲盒”。

“这里是独一无二的挖掘点，追寻动物的化石记录，最早的线索就发现于在贵州瓮安生物群的化石产地。6 亿年前，这里是一片汪洋大海，地理位置更加靠近赤道区域，那些小生命就生活在这片海域。它们有幸被磷矿保存了下来，所以今天，我们得以在这儿发现它们。”殷宗军说。

一块小小的化石，可能会解答我们从何而来的千古谜题，在云贵高原这片群山中，瓮安生物群化石产地所蕴藏的宝藏全球罕见。当地政府对该区域进行了保护，为科研人员研究化石、探究动物起源提供了更多线索。

那么，哪些才是真正有用的化石呢?

“在老百姓眼里看似平淡无奇的石头，被我们划分成五个岩层段，我们要找的化石就在上磷矿段里面。”殷宗军说着，用榔头敲下一块小石块，“打开以后，我们可以看到很多小颗粒，这就是化石，就像鱼子酱一样。”这种有白色圆点状分布的化石对科研人员而言有着重要的意义。

瓮安生物群化石保存了生物的细胞学结构，这是常规化石里所没有的。正因为该区域富含磷，才可以将上亿年前的古生物精细、完整地保留下来。早在 20 世纪 80 年代，就有不少古生物学家进入这片区域开展考察工作。

小小的化石里，究竟隐藏着什么秘密呢？我们跟着殷宗军回到中国科学院南京地质古生物研究所，继续拆“盲盒”。

科研人员带回的岩石重达十几吨，可以装满几辆大卡车。他们要从几辆大卡车的石头中筛选出几粒沙，再从几粒沙中挑选出有动物化石的部分，分离出沙样。

他们用醋酸将化石进行分解。化石浸入醋酸溶液，围岩被腐蚀掉，产生二氧化碳，磷酸盐保存的化石则被释放出来。

殷宗军团队从 2007 年开始挑选砂砾，经过 8 年的观察研究，到 2015 年，终于有了惊喜的发现。

“这就是我们找到的可以揭示动物起源的一类标本——脊笼球。”殷宗军指着电脑屏幕告诉我们。这颗长得像小核桃的沙砾放大数千倍后，又是什么样的形态呢？

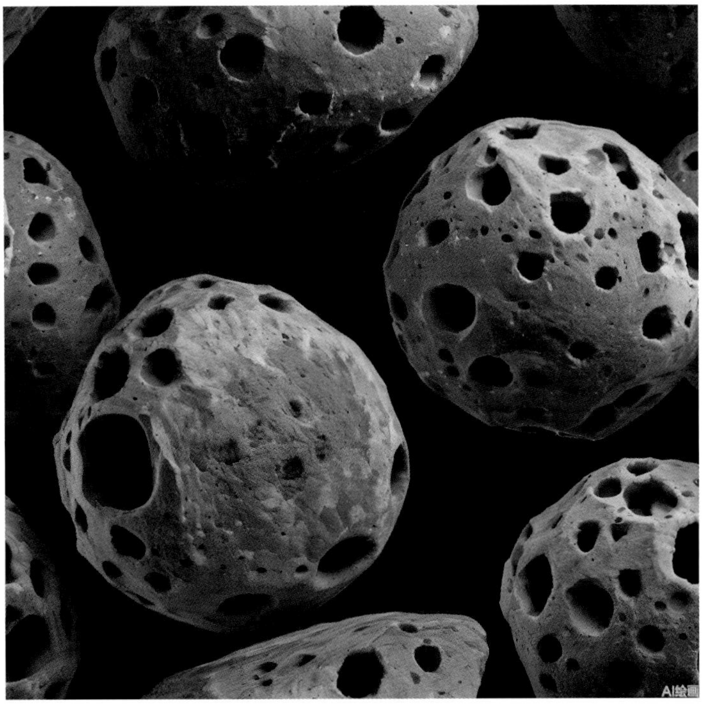

脊笼球模拟图 （供图 / 文心一言）

大约 6.1 亿年前，地球上的动物有着共同的祖先。在它出现之前，胚胎的发育机制已经准备就绪。脊笼球处在动物从单细胞到多细胞的演化过渡阶段。脊笼球的发现为揭开动物起源提供了重要线索，也解决了“先有鸡还是先有蛋”这样的千古难题。

2004 年，人们发现最古老的两侧对称动物“小春虫”；2015 年，发现保存有细胞结构的成体海绵动物；2019 年，首次发现脊笼球化石，记录了动物起源的关键过渡环节……通过一粒沙，人们可以穿越回亿万年前，和动物的祖先打个招呼。小小的化石里蕴藏的，是整个地球生态环境变迁的足迹。这本大自然的书籍，需要我们更深入地去探究，从而寻找出动物的起源和很多动物灭绝的线索，才能更好地守护地球上的生命，守护 46 亿岁的地球。

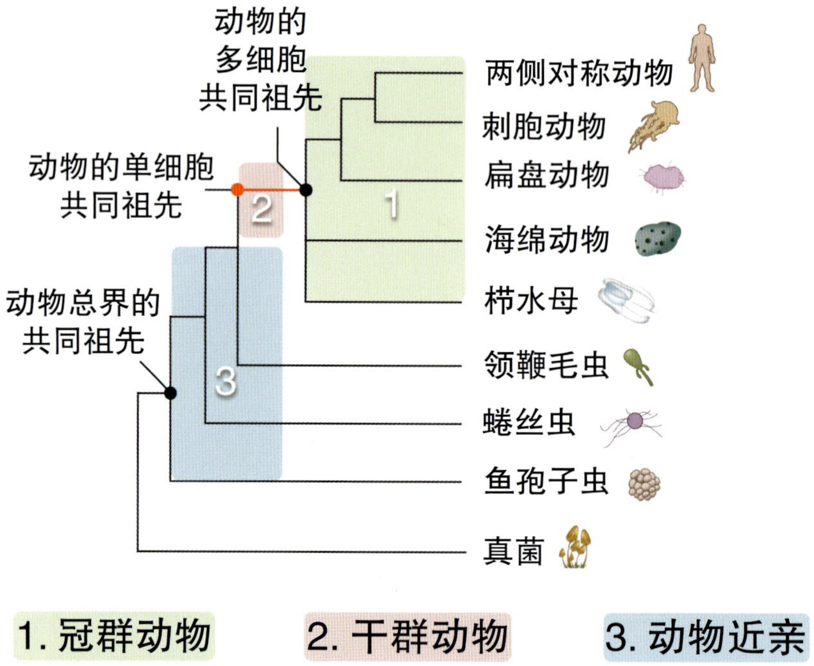

请答题

最早的动物化石纪录来自哪个地质年代?

A.寒武纪　B.埃迪卡拉纪　C.侏罗纪

嘉宾观点

小宇：我选 B。恐龙并不是最早的化石的“主人”，在恐龙之前，肯定还有更古老的生物。

小泽：我选 B。寒武纪有一个生命大爆发，动物在那个时代分支出了许多类型。既然已经存在多种类型的动物，那么它的起源应该在寒武纪之前，所以我选埃迪卡拉纪。

小丽：我选 C。刚才小泽说寒武纪有一次生命大爆发。有动物了，可那时候不一定有动物化石啊！什么时候会出现化石呢？我觉得侏罗纪时代，动物广泛分布在地球上，可能性更大哟！

安安：我选 A。寒武纪阶段可能有一次冰冻时期，在此期间动物的遗体有可能会被冷藏。

原来如此

最早的动物化石记录是在埃迪卡拉纪出现的，距今 6.35~5.4 亿年；寒武纪的生命大爆发距今 5.4~4.8 亿年，三叶虫就生活在那个时代；恐龙是侏罗纪时期地球上最繁荣的物种，它们生活在距今约 1.9 亿年前。

正确答案是 B。你答对了吗?

主持人：目前，黑叶猴在全球的种群数量只有约 2000 只，最大的种群生活在贵州省麻阳河国家级自然保护区内，有 554 只。黑叶猴为什么喜欢住在这里呢？它们在这里过的是怎样的生活呢？我们一起去看看！

在峭壁上吃“大餐”的黑叶猴

在贵州省麻阳河国家级自然保护区，我们跟随护林员老肖一起，在这 30000 多公顷的保护区内，寻找黑叶猴。老肖在这里工作已经有 30 多个年头了，一直从事对黑叶猴的监测、保护工作。在如此广阔的大山深处，悬崖峭壁间生活着 72 群黑叶猴。发现黑叶猴得靠一点运气，不过，老肖经过多年观察，已经掌握了黑叶猴群的食谱。要想找到黑叶猴，这可是条捷径。

“看到黑叶猴得有点儿运气的成分，它最喜欢吃桃树叶，我们不妨再守候一会儿。”憨憨的老肖席地而坐，耐心等待着。时间已经过去了 3 个小时，我们从早晨等到中午，动物观察员不免

黑叶猴身体毛色乌黑，仅两颊各有一撮白毛，由嘴角延伸至耳朵处，很容易辨别。

一只正在村民房前墙头发呆的黑叶猴

感到疑惑：今天还能遇到黑叶猴吗？就在老肖准备带我们换一个地方继续寻找的时候，树叶突然晃动起来——“你看，这不是来了吗？”老肖指着猴王兴奋地说。

这群黑叶猴一共有 15 只。今年新生的 4 只小猴，现在已有三个月大了。别看它们现在身体黑黢黢的，刚出生的时候它们可是一群黄毛“小可爱”。猴群里还有一些正处在青少年时期的黑叶猴，吃了午餐不愿意午睡，总要蹿进村庄，“上房揭瓦”才算痛快。

黑叶猴以树叶为主食，它们了解嫩叶的生长周期，不会一次性吃光树叶，隔几天便会来进行一次美味探索。午后的时光，黑叶猴喜欢到村民家的房前屋后，吃一点玉米、李子等果蔬，咀嚼苦涩的火棘对它们的消化也是大有裨益的。

我们听老肖说，还有一群雄性黑叶猴，它们特别喜欢吃峭壁上的植物：水麻、小叶女贞，不过我们并没有在往常它们出现的地方看到它们。老肖说，它们可能是在其他地方发现了“美食”吧。也许，这就是野外观察黑叶猴所面临的现状。正因为这里独特的生存环境，丰富多样的植物以及相关部门对环境的保护，才可以让这些峭壁上的“精灵”生生不息。愿它们可以在属于自己的乐园中，寻找到更多的快乐！

请答题

黑叶猴群中的“猴王”可以做什么决定?

A. 住哪里　B. 吃什么　C. 殴打谁

嘉宾观点

安安: 我选 A。猴子打架是一件很正常的事情，但它们不会受命群殴某只猴子吧，这也太不讲道德了。刚才故事里所说的吃树叶、吃李子，猴王也不需要管，饮食自由啊；现在只剩下住哪里了，这个我认为猴王是有决定的权力的。

小玉: 我选 B。节目中说黑叶猴会吃各种植物，决定去哪里，猴王是可以做出选择的，它的权威就体现在决定去哪找吃的和吃什么。

小张: 我选 C。黑叶猴群是由一个成年猴王外加多个雌性(妻子)、孩子组成的群体。刚才故事中提到了峭壁上吃植物的全部是雄性，那些小公猴会聚集在一起，通过挑衅、斗殴来锻炼自己的生存技能，当谁的力量达到或超过猴王时，它就可能取代猴王，成为族群的首领。而猴王呢，也会在比较高的位置观察群体里的公猴，谁在挑衅，它就号召大家去打谁。

小泽: 我选 B。中国有句俗语叫“民以食为天”，我觉得猴王在吃这件事上特别有话语权。

原来如此

黑叶猴的家庭结构以母系社会为主，由妈妈、姨妈、女儿等亲缘关系很近的成员组成，一般迁徙和吃饭这样的大事，都由母猴决定。猴王在种群中负责站岗放哨，如果发现异常，会发出警告，但若遇到其他公猴来挑衅，那便要开始打斗了。

正确答案是 C。你答对了吗?